U0313877

类椭球体放矿理论及放矿理论检验

李荣福　郭进平　著

北京

冶金工业出版社

2016

内容提要

本书是研究类椭球体放矿理论及放矿理论检验的专著，系统地介绍了类椭球体放矿理论的实验基础、理论假设、基础方程、理想方程和实际方程，以及放矿理论检验的主要内容和基本方程，并对椭球体放矿理论、随机介质放矿理论、类椭球体放矿理论进行了检验。

本书可供放矿理论研究人员和工程应用人员阅读，也可供高等院校师生参考。

图书在版编目（CIP）数据

类椭球体放矿理论及放矿理论检验/李荣福，郭进平著. —
北京：冶金工业出版社，2016.9
　　ISBN 978-7-5024-7334-1

　　Ⅰ.①类…　Ⅱ.①李…　②郭…　Ⅲ.①放矿理论
Ⅳ.①TD801

　　中国版本图书馆 CIP 数据核字（2016）第 223841 号

出 版 人　谭学余
地　　址　北京市东城区嵩祝院北巷 39 号　邮编　100009　电话　(010)64027926
网　　址　www.cnmip.com.cn　电子信箱　yjcbs@cnmip.com.cn
责任编辑　杨秋奎　美术编辑　杨 帆　版式设计　杨 帆
责任校对　李 娜　责任印制　牛晓波
ISBN 978-7-5024-7334-1
冶金工业出版社出版发行；各地新华书店经销；三河市双峰印刷装订有限公司印刷
2016 年 9 月第 1 版，2016 年 9 月第 1 次印刷
169mm×239mm；10 印张；191 千字；151 页
50.00 元

冶金工业出版社　投稿电话　(010)64027932　投稿信箱　tougao@cnmip.com.cn
冶金工业出版社营销中心　电话　(010)64044283　传真　(010)64027893
冶金书店　地址　北京市东四西大街 46 号(100010)　电话　(010)65289081(兼传真)
冶金工业出版社天猫旗舰店　yjgycbs.tmall.com
（本书如有印装质量问题，本社营销中心负责退换）

前　言

本书是研究类椭球体放矿理论及放矿理论检验的专著，包括了原有的研究成果和近期新的研究成果。

书中比较系统地介绍了类椭球体放矿理论的实验基础、理论假设、基础方程、理想方程和实际方程，以及放矿理论检验的主要内容和基本方程，并对椭球体放矿理论、随机介质放矿理论、类椭球体放矿理论进行了检验。本书主要讨论了类椭球体放矿理论比较成熟的放矿运动学部分。类椭球体放矿理论的放矿静力学及放矿动力学等相关内容，因有待进一步研究而未收入书中。

撰写本书是为了总结类椭球体放矿理论和放矿理论检验的研究成果，找到放矿研究中存在的问题，推动放矿理论的研究和发展。

本书以理论研究为主要内容，涉及类椭球体放矿理论的应用研究较少。在类椭球体放矿理论的理论框架基本构建成功，类椭球体放矿理论通过了放矿理论检验之后，期望有志于放矿理论研究及其应用研究的矿业界同仁，在类椭球体放矿理论的理论研究和应用研究方面取得丰硕成果！

本书参考了类椭球体放矿理论及其他放矿理论研究者的成果，在此一并致谢！

研究生王小林参与了本书资料收集、整理工作，我们也表示感谢！

谨以本书纪念类椭球体放矿理论创立 20 周年！

李荣福　郭进平

2016 年 6 月于西安建筑科技大学

目　录

第一章 类椭球体放矿理论研究的基础

第一节 散体的物理力学性质

一、散体

散体是指由许多固体颗粒（或固体块）组成的聚集体，如矿石、碎石、砂、粮食等。散体也称为松散介质或颗粒物料。由于散体的固体颗粒间有许多空隙，所以也称为多孔颗粒物料。

散体具有以下基本特点：

(1) 固体颗粒形状不同，但几何尺寸基本属于同一数量级。

(2) 散体整体的几何尺寸比单个固体颗粒大若干个数量级。

(3) 散体颗粒有固定的形状，散体的形状取决于堆积和盛装条件，堆积时可形成不同形状的锥体或台体，盛装时取决于容器的形状。

(4) 散体固体颗粒间的空隙中存在着气体，也可能有液体，或气液混合体。

(5) 散体颗粒间存在内摩擦力，黏结力很小或没有，一般不能承受拉应力。

(6) 散体具有抗剪强度随剪切面上正应力变化而变化的特点，因散体抗剪强度主要源于内摩擦力（内聚力较小），所以，也有人将散体称为内摩介质。

矿石是松散物料的一种变种，散体的性质及各种规律都可适用于研究矿石的流动和运动。因此散体放出理论研究和放矿理论研究是一致的。

二、密度

散体密度是指单位体积松散介质的质量。其表达式为：

$$\rho = \frac{m}{Q} \qquad (1-1)$$

式中　ρ——散体密度，t/m^3；

　　　m——松散介质质量，t；

　　　Q——松散介质体积，m^3。

散体密度主要取决于散体中固体颗粒的密度和颗粒间的间隙大小，也和散体的含水率有关，固体颗粒密度越大，间隙越小，含水率越高，散体密度越大。

散体密度与松散颗粒的粒度（块度）和形状有关，松散颗粒（块）粒度（块度）越大，密度越大；松散颗粒（块）形状越圆滑规则，密度越大。

散体密度与松散颗粒的粒度（块度）级配有关，粒度（块度）集中在同一粒级时密度较小，当不同粒级所占比例相近时，密度较大。

散体密度还与堆积或盛装条件有关，当自由堆积或盛装时，密度较小；因外力密实堆积或盛装时，密度较大。

当盛装在容器中的散体从放出口放出时，放出口周围部分散体的密度会发生变化，而更远处则密度不变。

未放出前盛装在容器中的散体密度称为初始密度 ρ_a，而把放出时放出口处的密度称为放出密度 ρ_0。

三、松散性

散体由许多固体颗粒（块）和颗粒（块）间的空隙组成，空隙的数量和大小决定着散体的疏松和密实程度。当空隙体积大时，散体结构疏松；当空隙体积小时，散体结构密实。松散系数和压实系数的变化都是颗粒间空隙体积变化的反映。松散性就是指散体结构的疏松程度。

1. 松散系数

散体体积与该体积中固体颗粒的体积之比称为松散系数，其表达式为：

$$\eta_0 = \frac{Q_k}{Q_t} \tag{1-2}$$

式中 η_0——松散系数；

Q_k——散体体积，m^3；

Q_t——散体中固体颗粒的体积，m^3。

对于各种不同的散体物料，松散系数多在 1.2 ~ 1.6 的范围内变动。松散系数越大，散体松散的程度也越大。散体松散系数的极限值（极限松散系数）可达 1.8 ~ 2.0。

与散体密度一样，松散系数与颗粒（块）形状、粒度、粒度级配以及堆积或盛装条件等有关。松散系数越大，散体越疏松；松散系数越小，散体越密实。

2. 二次松散系数

当盛装在容器中的散体，从容器底部放出口放出一部分后，容器中剩余散体的松散程度将发生变化。我们用二次松散系数来表示散体部分放出后剩余散体松散程度的变化。

$$\eta_e = \frac{Q_h}{Q_q} \tag{1-3}$$

式中 η_e——二次松散系数；

Q_h——二次松散后的散体体积，m^3；

Q_q——二次松散前的散体体积，m^3。

对于各种不同的散体物料,二次松散系数在 1.066~1.10 的范围内变动。

应当指出:松散系数和二次松散系数的物理含义是有区别的。松散系数是反映某时刻散体的松散程度,而二次松散系数是反映放出开始时刻到放出结束时刻这一时间段内散体松散程度的变化。

还应指出的是,放出部分散体后,剩余散体各处松散程度的变化是不一样的,即各处的二次松散系数是不同的。在放矿研究中,我们用平均二次松散系数 η 来表达松散程度的变化,它是二次松散范围内(即松动范围)二次松散的平均值。平均二次松散系数 η 一般在 1.07 左右。

松散系数越大,对散体放出越有利,而放出则增大了散体中的松动范围和松散性。

四、压实系数

和二次松散系数一样,压实系数也是描述散体松散程度变化的指标。区别在于前者是散体发生再次松散,使散体更加疏松;而后者是散体被压实,使散体结构更加密实。压实系数是指散体被压实的程度,通常用散体压实前体积与压实后体积之比来表示。

$$\psi = \frac{Q_{q'}}{Q_y} \tag{1-4}$$

式中 ψ ——散体压实系数;

  $Q_{q'}$ ——散体压实前体积,m^3;

  Q_y ——散体压实后体积,m^3。

对于不同的散体物料,压实系数多在 1.05~1.52 范围内变动。压实系数越大,散体被压实的程度也越大。

散体压实系数和时间密切相关,在自重作用下,随时间延长,松散物料将逐渐被压实。

静力负荷作用压实效果欠佳,试验证明:动力负荷作用比静力负荷作用压实程度可提高 0.75 倍。

动力冲击和振动作用压实效果显著。

压实使颗粒间的空隙变小,散体密度增加,松散性降低,流动性及流动范围变小,甚至出现结拱、空洞等现象,对放矿十分不利。

五、摩擦力和内聚力

1. 外摩擦力

散体的外摩擦力是散体沿斜面移动时散体与斜面之间的摩擦力。

通常把散体放在斜面上,由静止状态转为运动状态(开始下滑)瞬间的斜面与水平面的夹角称为外摩擦角，而外摩擦角的正切值称为外摩擦系数，且有：

$$F_w = f_w N = \tan\phi \cdot N \qquad (1-5)$$

式中　F_w——外摩擦力，N；

　　　N——正压力，N；

　　　ϕ——外摩擦角；

　　　f_w——外摩擦系数。

对于各种不同的散体物料和斜面材料，外摩擦角多在 25°~40° 的范围内变动。

外摩擦角与斜面材料性质和光滑程度有关，木材底板的外摩擦角比铁底板大，斜面越光滑，外摩擦角越小。

外摩擦角还与散体性质有关，散体颗粒（块）粒度（块度）越小，外摩擦角越大；花岗岩比铁矿石大，铁矿石比砂岩大。

散体湿度对外摩擦角影响较大。对于干燥的散体，湿度增加时，外摩擦角也逐渐增加；当达到一定湿度后，湿度增加，外摩擦角反而逐渐变小；当达到过饱和状态时，甚至会出现"矿石流"（泥石流）等"跑矿"现象。

2. 内摩擦力

内摩擦力是阻碍散体颗粒彼此发生相对位移的阻力，它是在外加负荷和重力作用下（如上层物料对下层物料的压力和其本身的重量）出现的法线分力所引起的附加阻力。

与外摩擦力类似，内摩擦力可表达为：

$$F_N = f_N N = \tan\phi \cdot N \qquad (1-6)$$

式中　F_N——内摩擦力，N；

　　　N——破坏面上的正压力，N；

　　　ϕ——内摩擦角；

　　　f_N——内摩擦系数。

内摩擦角是破坏面与作用力正交方向所成的夹角。对于不同的散体物料，内摩擦角多在 35°~50° 范围内变动。

内摩擦角与散体性质有关，不同的物料内摩擦角是不同的。

内摩擦角还与散体颗粒的粒度、级配、形状直接相关。一般来说，粒度增大，内摩擦角相应减小。形状不规则、粒度不均匀的散体比颗粒形状规则、颗粒大小均匀的散体内摩擦角大，这是形状不规则、粒径不同的颗粒互相充填、啮合的结果。当然，颗粒粒径增大，它们之间的接触面积、阻力及啮合能力增加，也可能使内摩擦力增加。

内摩擦角还与运动状态有关，静止（或即将投入运动）时比运动时大。

3. 内聚力

内聚力是颗粒间存在的抵抗位移或分离的阻力。它和内摩擦力的区别在于，内摩擦力只有在外力作用时才产生，如果没有促使颗粒运动的作用力，内摩擦力则不会产生；而内聚力是颗粒间自身存在的联结力，与外力作用无关。

内聚力包括阻滞力和黏结力。

散体颗粒形状不规则，颗粒之间的边缘彼此相互卡住，大小颗粒相互嵌布，形成颗粒相互联结制约的阻滞力。阻滞力的大小取决于散体颗粒棱角、表面粗糙程度、大小颗粒的尺寸及数量，以及压实程度。

粉状物、胶体状物质、颗粒表面氧化膜、散体间隙中的外在水分形成与松散物料颗粒间联结力有关的黏结力。黏结力的大小取决于粉状物、胶结物、表面氧化膜的性质和数量。外在水分在颗粒表面形成水膜，在气水交界面上产生表面张力，增加黏结力。外在水分使粉状物、胶体状物质、氧化膜变得潮湿，使颗粒相互黏结，形成更大的黏结力。

散体内聚力一般均小于内摩擦力，有的散体内聚力几乎为零。在散体力学中，把没有内聚力的散体称为理想松散介质，有内聚力的散体称为黏结松散介质。

颗粒间内聚力的存在，使松散物料在压力作用下压实而固结，因此影响其流动能力，甚至失去流动的性能，出现结拱、空洞等危险因素，对放矿十分有害。

4. 抗剪强度

散体抗剪强度在散体力学中表达为：

$$\tau_{\mathrm{b}} = \sigma f_{\mathrm{N}} + c \tag{1-7}$$

式中　　τ_{b}——散体的抗剪强度；

　　　　σ——剪切面上单位面积的正压力；

　　　　c——剪切面上单位面积的内聚力。

散体的内聚力较小，甚至没有，散体的抗剪力主要来源于散体的内摩擦力。

散体的破坏一般认为是剪切破坏。当作用在某剪切面上的切向应力大于散体的抗剪强度时，则散体产生破坏。剪切面上部的散体在切向力的作用下移动或松动。

六、散体的双重性质

松散物料可以理解为是由许多彼此相关，有不同外表形状、尺寸的坚硬固体颗粒共同组成的物料，其颗粒间的间隙为气体、液体或气液混合体所充填。即散体是由固体、气体、液体组成的松散物料，它的主要物理力学性质具有双重性。

和固体相比，散体的每一个固体颗粒都具有固体的性质。但就其整体来讲，又具有近似液体的性质，但和液体的性质又不完全相同。

（1）散体形状。固体有固定的形状，液体没有固定的形状，散体每个颗粒都有固定的形状，而散体没有固定的形状。在水平面上堆积时，散体一般呈锥体状或台体状；容器中的散体形状，底部及四周取决于容器形状，上部取决于盛装时的堆积情况。当散体从容器下部放出口放出时，一般只能放出一部分，剩余散体形状、四周和底部取决于容器形状，而放出口上部表面则形成漏斗状。

（2）介质的联系和位置。组成固体的介质有固定位置，介质之间紧密联系、位置固定不变；组成液体的介质没有固定的位置和联系，位置及介质间的联系是随时变动的；散体颗粒间的联系及颗粒位置是能够变动的，但受到一定的限制。

（3）散体的流动性。固体没有流动性，液体有很好的流动性，而散体则具有部分流动性（有限制的流动性）。

盛装在底部有孔的容器中的液体，即使孔很小，液体也能从孔全部流出，流到水平面上则四方流散。

盛装在底部有孔的容器中的散体，即使孔足够大，也只有放出口轴线周围部分的散体被放出，在散体中形成漏斗状凹陷，其余部分静止不动，存留在容器中。放出的散体在水平面上也不是向四方流散，而是形成一个锥体，如图 1 - 1 所示。

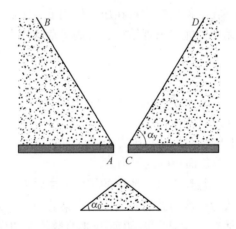

图 1 - 1　散体放出终了图

图 1 - 1 中：α_0 为自然安息角，也称自然堆积角。它是散体自然堆积时，堆积锥体表面与水平面的夹角。自然安息角与散体性质、粒度、级配、形状和湿度有关。形状圆滑规则、粒度大、湿度小、级配不均的散体，自然安息角较小。自然安息角一般比内摩擦角小，当散体内聚力很小或没有时，可以用自然安息角代替内摩擦角。自然安息角一般在 30°～45°范围内变动。

α_y 为最终移动边界角，也称自然塌落角或最终移动角。图 1 - 1 中的 AB、CD 边界是最终的移动边界，同时也是最终的静止边界。因此 α_y 也称为最终静止边界角或最终静止角。

最终移动边界与散体性质和放出条件有关，特别是与物料的抗剪强度有关。据资料介绍，该角为 $45° + \dfrac{\phi}{2}$（ϕ 为内摩擦角）。而 $45° + \dfrac{\phi}{2}$ 正是散体剪切破坏的破坏角。试验还表明：最终移动角（塌落角）比自然安息角一般大 $20° \sim 28°$。

（4）侧压力。侧压力是指介质产生的侧向压力，一般用侧压力系数来表示：

$$K_c = \frac{P_{\mathrm{H}}}{P_{\mathrm{N}}} \tag{1-8}$$

式中　K_c——侧压力系数；

　　　P_{H}——水平方向（侧向）的压强；

　　　P_{N}——垂直方向的压强。

我们知道，固体没有侧压力，即 $K_c = 0$。液体有侧压力，而且任一深处的侧压力和垂直压力是相等的，即 $K_c = 1$。散体介于固体和液体之间，有侧压力，但侧压力小于垂直压力，即 $0 < K_c < 1$。

侧压力与内摩擦力有关，内摩擦力越小，则侧压力系数 K_c 越大，散体流动性越好。

根据资料介绍，$K_c = \tan^2\left(45° - \dfrac{\phi}{2}\right)$（$\phi$ 为内摩擦角）。

第二节　松散介质假设

在复杂的现象中，进行科学的抽象，抓住主要因素，找出基本规律，利用数学方法，求出理论结果是理论研究的重要方法。而建立研究对象的理论模型则决定着理论研究的走向和成败。本节介绍类椭球体放矿理论的理论模型。

一、连续介质假设

连续介质假设是散体理论模型的首要假设。类椭球体放矿理论把散体所占有的空间近似地看作是由散体质点连续地无间隙地充满着，即散体是由无间隙的连续的质点组成。亦即把散体看作宏观的均匀连续体，而不是由许多固体颗粒组成的离散体。质点所具有的宏观物理量（如质量、速度、密度）满足一切应遵循的物理定律及物理性质（如牛顿定律、质量守恒定律等）。宏观物理量均通过实验求得，并注重统计平均值。连续介质假设使质点的密度、受力、位移、速度等都可以看成是坐标位置和时间的连续函数，为采用数学分析方法研究散体放出理论（放矿理论）提供了条件。

散体颗粒的尺寸以及颗粒间空隙的尺寸，比散体整体的尺寸小若干个数量级。即散体颗粒及空隙对于被研究的范围来说是极其微小的。从宏观的角度，把散体看成是由质点组成的连续体，不会带来很大的误差。同时，由于研究的是散体的宏观特性和规律，注意的是散体场各处的统计平均值，颗粒的尺寸、颗粒及空隙被视为连续分布的质点，对宏观特性和规律研究的影响忽略不计，也不会带来很大的误差。类椭球体放矿理论研究的结果符合实际且通过了理论检验，证明了连续介质这一理论模型是可行的。

二、均匀和各向同性假设

均匀是指在散体中，任何地方的物理力学性质都相同，各向同性则理解为从各个方向看，松散介质都具有相同的物理力学性质。均匀和各向同性的假设使研究简单化。

对于松散介质的每个颗粒，它的形状、几何尺寸、物理性质往往都不相同。而颗粒又是杂乱无章的，很难说是均匀的和各向同性的。但是，当研究问题的范围比单个颗粒大很多很多时，从统计平均的观点，把它看成是均匀和各向同性的，与实际情况仍然是基本符合的。

三、理想散体假设

散体放出时，散体场中会出现二次松散现象，为了研究方便，我们假设存在放出时无二次松散现象的散体。我们把放出时无二次松散现象（平均二次松散系数 $\eta = 1$）的散体称为理想散体，把放出时有二次松散现象（平均二次松散系数 $\eta > 1$）的散体称为实际散体。

研究表明：理想散体（$\eta = 1$）的密度场是均匀场、定常场，速度场是不均匀场和定常场。

建立理想散体这一散体的理论模型，有利于从简单入手，研究散体的放出规律，舍去了密度变化，时间变化等因素，得到简单明确的理论结果。然后在此基础上进行实际散体的研究，以达到最终目的。

试验观察表明：有的散体是非常接近理想散体的；当假设散体层高度非常非常大，且进行无限制放矿时，实际散体移动范围内的平均二次松散系数也可能接近1。

应当指出的是：放矿理论的理想散体是无二次松散现象（$\eta = 1$）的散体，和散体力学的理想散体（无内聚力）含义是完全不同的。

四、连续移动无压实假设

实验表明，在松散颗粒的放出过程中，具有非常明显的脉动现象，即断断续续地移动，停止移动时，颗粒附近区域压实，移动时颗粒附近区域二次松散，即散体颗粒的移动是不连续的，是停停走走，但总体上看连续移动是主体。散体放出过程中，散体移动范围内除有二次松散现象外，还存在部分区域压实现象，但总体上看，移动范围内二次松散现象是主体，压实是局部的、暂时的、少数的现象。从统计平均值看是不断松散的，为简化研究，在散体放出时，假设散体质点的移动是连续的，散体松动范围内无压实现象。从统计平均值看，从总体上看也是符合实际的，不会带来大的误差。

第三节　类椭球体放矿理论的实验基础

一、散体放出过程

如图 1-2 所示，当放出体积 Q'_f 散体时，在散体中形成松动范围 Q_s，放出前 Q_0 中剩余的散体颗粒移动到 Q 中。Q'_f 放出前在散体中原有的位置为 Q_f。

我们称 Q_f 为放出体，Q_s 为松动体，Q、Q_0 为移动体。

实验研究表明，散体从底部放出口放出时有以下特征：

（1）单位时间内从放出口放出的散体体积为一常数。前苏联学者 Г. И. 波克洛夫斯基和 А. И. 阿列夫叶夫的实验研究表明，每 1s 从放出口放出的散体量为一常数，与放出口以上的散体高度无关，前苏联学者 Г. М. 马拉霍夫及其他研究者多次证实了这一结论。我国古代就有明确的认识，如用沙漏计时是最有力的证据。

马拉霍夫除证实了放出量为常数外，还得到以下认识：

1）散体从放出口放出的平均速度与放出口的直径成正比。

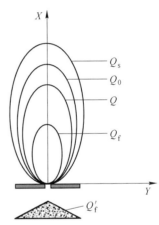

图 1-2　散体放出过程图

Q'_f—放出体积；Q_f—放出体体积；

Q_s—松动体体积；Q_0—放出前体积；

Q—放出 Q_f 后，Q_0 剩余部分体积

2）单位时间放出体的体积也为常数。

（2）放出体是一个近似的旋转椭球体。如图 1-2 所示，当放出体积为 Q'_f 的散体时，Q'_f 散体在散体场中原有的位置为 Q_f，我们把散体 Q'_f 放出前在散体场中原来占据的空间位置的形体 Q_f 称为放出体。

放矿理论中关于放出体形状主要有两种观点：

1）放出体是椭球体。前苏联学者 С. И. 米纳耶夫经实验研究认为：散体颗粒是从散体内、放出口上的具有旋转椭球体形状的体积中流出来的。Г. М. 马拉霍夫及其他研究者用试验证实了这一观点，但更多的研究者认为：放出体是一个近似的旋转椭球体（近似的截头旋转椭球体），可以按截头（或完整）椭球体处理，并据此形成了椭球体放矿理论。

2）放出体是类椭球体。李荣福教授注意到了放出体体形的重要性，在实验研究（特别是马鞍山矿山研究院黄德玺教授等的实验研究）的基础上，认为放出体是一个上下大小可变的近似的旋转椭球体（类椭球体），即可以是上大下小、上小下大、上下相近或相同的近似旋转椭球体，从而创立了类椭球体放矿理论（1994 年）。

任凤玉教授的《随机介质放矿理论及其应用》一书中的放出体也是上下大小可变的近似的椭球体（1994 年）。

（3）松动体 Q_s、移动体 Q 也是一个近似的旋转椭球体（类椭球体）。

1）移动体 Q。如图 1-2 所示，设 Q_0 为研究的放出体，在 Q_0 的放出过程中，当放出量为 Q'_f 时，Q_0 移动到 Q（即原有占据 Q_0 空间位置剩余颗粒占据 Q 空间位置），我们称 Q 为移动体。显然在 Q_0 全部放出的过程中，任一时刻都对应一个确定的放出量 Q'_f 和一个确定的移动体 Q。

实验研究表明：移动体 Q 也是一个近似的旋转椭球体（类椭球体）。

2）松动体 Q_s。如图 1-2 所示，当放出量 Q'_f 放出时，在散体场中形成的松动范围为 Q_s，我们把散体放出时散体场中颗粒移动范围构成的形体称为松动体。

研究表明，松动范围是随时间变化的，就是说松动体 Q_s 是一个瞬时体，即每一时刻都对应一个 Q_s。松动体 Q_s 也是一个近似的旋转椭球体（类椭球体）。

3）Q_0 移动过程。观察 Q_0，开始放出时，Q_0 表面颗粒并不移动，这是因为 Q_0 内散体松散量足以供应放出量 Q'_f，当松动范围扩大到 Q_0 时，即 $Q_s = Q_0$ 时，Q_0 表面颗粒处于极限平衡状态，即将投入运动。当 Q'_f 再增大时，Q_0 表面颗粒移动。当 $Q_s > Q_0$ 时，Q_0 通过外部的散体松散来补足放出量 Q'_f，以后随 Q'_f 增大，Q_s 逐渐增大，而 Q_0 则转化为移动体 Q，随着 Q'_f 的增大，逐渐下移，体积逐渐缩小。最终 Q_0 全部放出，此刻 Q_0 则由移动体转化为放出体。Q、Q_s 都是一个瞬时体，即每一时刻（或每个放出量 Q'_f）都有一个确定的 Q 和 Q_s 与之对应。

（4）放出漏斗、移动角。如图 1-3 所示，散体上部表面为 B—B'，散体高度为 H，在散体高度 H_0 处，有一标记层面 A—A'（或矿岩接触面），放出体 Q_f 的高度为 H_f，松动体 Q_s 高度为 H_s，现观察散体放出时，A—A' 水平面和 B—B' 水平面的变化过程。

1）A—A' 水平面无变化。当 $H_0 > H_s$ 时，松动体的顶点还未到达 A—A' 水平面，A—A' 水平面无变化。当 $H_0 = H_s$ 时，松动体顶点正好到达 A—A' 水平面上，此时 A—A' 水平面与放出口中轴线 OX 的交点 A_0 即将投入运动。

2）形成移动漏斗。当 $H_s > H_0$，$H_f < H_0$ 时，即松动体的高大于 A—A' 水平面高 H_0，放出体高度小于 H_0 时（如图 1-3 中放出 Q_{f1} 时），A—A' 水平面开始凹陷，形成以 OX 为轴的旋转漏斗状（如图 1-3 中 Q_{L1}），该漏斗随着散体放出不断向外扩大，向下深陷移动，称为移动漏斗。当 $H_s > H_0$，放出体 Q_f 的高 $H_f < H_0$

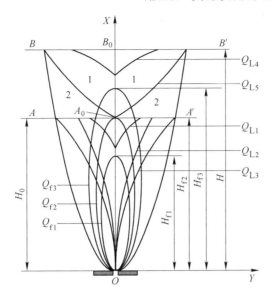

图 1 - 3　散体上部平面及标记层面的移动与放出漏斗

1—快速移动或滚动带；2—正常移动带；

Q_f—放出体体积；Q_L—放出漏斗体积

时，每一个放出量都对应一个确定的移动漏斗。

3）形成降落漏斗。当 $H_f = H_0$ 时，即放出体高度 H_{f2} 等于 A—A′水平面高度 H_0 时（如图 1 - 3 中 Q_{f2}），A_0 点到达放出口，A—A′水平面形成最后一个 A—A′ 平面仍然完整的放出漏斗（如图 1 - 3 中的 Q_{L2}），称为降落漏斗。对于 A—A′水平面也只能形成这一个降落漏斗。

4）形成破裂漏斗。当 $H_f > H_0$ 时，即放出体高度 H_{f3} 大于 A—A′水平面高 H_0 时（如图 1 - 3 中的 Q_{f3}），随着不断放出，A—A′水平面上 A_0 附近的颗粒不断到达放出口而被放出。A—A′水平面以 A_0 为中心，平面不连续范围不断扩大，放出漏斗母线也在放出口发生断裂，此时的放出漏斗称为破裂漏斗（如图 1 - 3 中的 Q_{L3}）。与移动漏斗一样，每一个放出量都对应一个确定的破裂漏斗。应当指出：以原点 O 为放出口时（理论放出口），不能显示破裂漏斗的漏斗母线发生断裂，只有实际放出口才能显示破裂漏斗的漏斗母线发生断裂。

5）B—B′表面无变化。当 $H_s < H$ 时，松动体的顶点还未到达散体上部平面 B—B′，B—B′表面无变化。

当 $H_s = H$ 时，松动体顶点正好到达散体上部平面 B—B′，B—B′表面与放出口中心线 OX 的交点 B_0 即将投入运动。

6）形成塌陷漏斗、塌落角。当 $H_s > H$ 时，随着不断放出，B—B′表面开始凹陷，向外扩大，向下深陷，形成一个漏斗状陷坑，称为塌陷漏斗（如图 1 - 3

中的 Q_{L4})。

随着散体的放出，漏斗向外扩大，向下深陷，出现快速移动或滚动带。当漏斗表面倾角接近自然安息角时，则表面颗粒在下移的同时，沿表面向中心出现脉冲式的间断滚动或移动，以补足中心部位因散体颗粒流动快造成的凹陷。此后，漏斗表面倾角基本保持不变，仅有脉冲式的间断小波动。我们把塌陷漏斗最后基本不变的这个漏斗表面倾角称为塌落角（如图 1 – 3 中的 Q_{L5} ）。

塌落角一般大于自然安息角，有资料认为为 $45° + \dfrac{\phi}{2}$ （ϕ 为内摩擦角）。

7）移动角。随着散体的放出，塌陷漏斗最终到达放出口，此时塌陷漏斗表面向外扩大，出口上部的散体颗粒全部放出，但放出口边沿塌落角外的散体颗粒仍静止不动。我们把这时的塌落角称为固定移动角（理想散体）或极限移动角（实际散体）。我们把这时的塌陷漏斗表面称为移动边界表面，理想散体称为固定移动边界面，实际散体称为极限移动边界面（图 1 – 1）。

应当指出，对于理想散体，放出时的移动角与放空时的移动角是一致的。在实际散体放出过程中，由于 $\eta > 1$，且上部散体放出高度较大，实际的移动角要大于放空时的移动角，这个移动角实际是松动体表面倾角，移动边界面就是松动体表面。我们把这个移动角称为放出移动角。根据实验观察，这个放出移动角一般在 72° 左右。放矿移动角一般会缓慢减小，最终转化为放空时的移动角。

我们把移动漏斗、降落漏斗、破裂漏斗、塌陷漏斗统称为放出漏斗。

移动漏斗、降落漏斗、破裂漏斗是散体中标记层面 A—A' 形成的漏斗，对于标记层面 A—A'，降落漏斗只有一个，而移动漏斗、破裂漏斗有很多个。塌陷漏斗是散体上部表面 B—B' 形成的漏斗，也有很多个，但放出结束时（放出口上部全部放出），最终的塌陷漏斗及形成的最终移动角（固定移动角及极限移动角）只有一个。

应当指出：以上散体放出过程都是指实际散体的放出过程。理想散体由于无二次松散现象（$\eta = 1$），具有以下不同点：

（1）实际散体的移动范围是一个封闭的松动体，而理想散体的移动范围是被一个旁边由幂函数曲线为母线的旋转面包围，上部敞开的旋转体。

（2）实际散体的移动范围逐渐向外扩大，而理想散体的移动范围从放出开始到结束是固定不变的。

（3）实际散体中移动范围内的颗粒是逐渐投入运动的，理想散体在移动范围内的颗粒，在放出开始时全部投入运动。

（4）理想散体只承认上部敞开的移动范围，不承认松动体的存在。

因此，一旦放出开始，立即在 A—A' 平面形成移动漏斗，在 B—B' 平面则形成塌陷漏斗。其他形成条件与实际散体基本相同。

二、Q_f、Q_f'、Q_s 与放出漏斗体积 V 的关系

1. 放出量关系

现研究放出体积 Q_f' 与放出体体积 Q_f 的关系。

散体放出前，散体场中的密度各处都相同，也不随时间而变化，即密度场是均匀场、定常场。设此时密度为 ρ_a，ρ_a 称为初始密度。设放出散体的密度为 ρ_0，ρ_0 称为放出密度。放出体积为 Q_f'，放出体体积为 Q_f。

根据质量守恒定律，则有：

$$\rho_a Q_f = \rho_0 Q_f' \tag{1-9}$$

$$\rho_a q t = \rho_0 q_0 t \tag{1-9'}$$

式中　q_0——单位时间的放出体积；

　　　q——单位时间的放出体体积。

式（1-9）和式（1-9'）为放出量关系方程。

2. 松动范围系数

我们把松动放出体体积 Q_s 与放出体体积 Q_f 之比称为松动范围系数 C，即：

$$C = \frac{Q_s}{Q_f} \tag{1-10}$$

或　　　　　　　　　　　　　$Q_s = CQ_f \tag{1-10'}$

实验表明，C 是一个与放出条件和散体性质相关的实验常数。

C 是一个实验常数，且近似为 15，是 Г. M. 马拉霍夫从实验中得出的。其他研究者也从实验中验证了这一结论。

3. 平均二次松散系数

二次松散系数是指散体松散后的体积与松散前的体积之比。对于不同的研究对象范围，二次松散系数是不同的。

平均二次松散系数也是松散后的体积与松散前的体积之比，但它是专门用来反映松动体和放出体关系的物理量，即平均二次松散系数是松动体体积 Q_s 与松动体中散体颗粒松动前原有体积之比：

$$\eta = \frac{Q_s}{Q_s - Q_f} \tag{1-11}$$

η 与 C 的关系如下：

$$\eta = \frac{CQ_f}{CQ_f - Q_f} = \frac{C}{C-1} \tag{1-11'}$$

已知 C 为一实验常数，故 η 也是一个与放出条件及散体性质相关的实验常数，一般在 1.07 ~ 1.08 的范围内变动。

4. 放出漏斗体积与放出量关系

设移动漏斗表面或降落漏斗表面与标志层面 A—A' 包围空间的体积为 Q_L，放

出体体积为 Q_f。

根据质量守恒定律，对于理想散体有：

$$Q_L = Q_f$$

理想散体由于无二次松散，且移动范围是固定不变的，因此，如果放出过程中要保持散体的连续性，移动漏斗和降落漏斗的体积 Q_L 就必须等于放出体体积 Q_f。

实际散体由于有二次松散，且移动范围逐渐向外扩大，放出过程中放出体空出的体积，首先由放出体周边的散体填充以改变其密度完成二次松散，其次才是在上部形成放出漏斗，填充剩余空间。因此，放出漏斗体积 Q_L 小于放出体体积 Q_f。

三、散体的密度

1. 放出前的散体密度

散体在放出前，散体中各处密度都为 ρ_a，是一个与坐标位置及时间无关的常数。就是说，散体密度场在散体放出前是一个均匀场和定常场。

2. 静止带内的散体密度

当散体放出后，在散体中形成移动带和静止带。在静止带中散体密度场保持不变，仍然是均匀场和定常场，其密度为 ρ_a。

3. 移动带内的散体密度

在移动带内，由于散体的放出，散体密度场的密度发生变化：在竖直方向上，离放出口越近密度越小，在放出口处密度等于 ρ_0，离移动边界越近密度越大，在移动边界上密度等于 ρ_a；在水平径向，离放出口中轴线越近密度越小，离移动边界越近密度越大，在移动边界上密度等于 ρ_a。由此可见，移动带内的散体密度 ρ 是随时间和空间坐标位置变化的，即 $\rho = f(x, y, z, t)$ 或 $\rho = f(R, x, t)$。就是说，在移动带内散体的密度场是非均匀场和不定常场。

4. 等密度面

观察散体密度场，我们还发现，同一移动体表面处的密度都大致相同。因此，我们在建立散体密度方程时提出了一个重要假设，即移动体表面是等密度面，或者说同一移动体表面的颗粒密度是相同的。这个假设是有依据的，表现在：

（1）放出口附近密度基本一致，从理论抽象上看，原点即代表放出口（理论放出口），原点密度只有一个，即 ρ_0。

（2）松动体边界上的颗粒未开始移动和处于极限状态时，移动边界上所有颗粒密度都相同，为初始密度 ρ_a。松动体表面是一个移动体表面，是一个典型的等密度面。

（3）符合实验室观察结果。

（4）类椭球体理论根据这个假设建立的密度方程和速度方程一起通过了理论检验，反过来证明了假设成立。

5. 理想散体密度场

以上分析了实际散体密度场。为了理论研究的需要，我们设想了一种密度不发生变化的密度场，在这个密度场中，移动前和移动后，静止带与移动带密度都相同，即都是均匀场、定常场。或者说在这种散体中，固体颗粒间的空隙大小不会因移动而变化，即无二次松散现象（平均二次松散系数 $\eta = 1$）。

实际中这种散体是不存在的，但是当散体放出高度无限大时，散体移动范围内的密度 $\rho \to \rho_0$，即各处密度大致相同。

设想理想密度场的目的是在研究中排除密度变化的干扰，使理论研究分两步走，第一步在散体密度不变的条件下研究散体颗粒放出时的运动规律；第二步，在此基础上再进一步研究散体密度变化时散体颗粒放出的移动规律。

类椭球体理论的建立过程表明这个方法是有效的。椭球体放矿理论假设移动范围内密度都为平均密度 ρ_c，也是同一道理。

四、移动过渡关系

移动过渡关系是经过验证，并为各种放矿理论承认的基本性质。

如图 1-2 所示，移动过渡关系是指：当放出放出体 Q_f 时，放出前在 Q_0 处的移动体缩小，移动到移动体 Q 处。这种过渡关系包括以下内容：

（1）整体过渡，即 Q_0 内的颗粒，除放出的 Q_f 颗粒外，其余全部都移动到了 Q 内。

（2）按移动体体形不变整个过渡，即 Q_0 是近似的旋转椭球体（类椭球体），移动到 Q 仍然是近似的旋转椭球体（类椭球体），而且影响体形的相关参数保持不变，实验常数包括移动边界系数 K、速度分布指数 m、移动迹线指数 n 等。

（3）移动体表面整体过渡，即 Q_0 表面那些颗粒必须都移动到 Q 表面。

（4）按移动体颗粒间相关位置不变整体过渡，即位置不互换，移动按比例，原有位置坐标的比例不变。如 Q_0 表面上的坐标为 X_0 的点移动到 Q 表面上坐标为 X，Q_0 表面的顶点 H_0 移动到 Q 表面的顶点 H 处，且应保持比例不变，即：

$$\frac{X}{H} = \frac{X_0}{H_0} \qquad (1-12)$$

式（1-12）称为相关关系方程，它是判断移动体表面颗粒过渡关系是否成立的主要判据。

五、移动过渡方程

1. 移动过程分析

Q_0 移动过程分析主要是分析 Q_0 表面颗粒的移动过程。

（1）$\eta = 1$ 时，Q_0 的移动过程比较简单。当开始放出时，Q_0 表面颗粒立即投入运动，放出过程中每个时刻都有一个移动体 Q 与之对应。当 $Q_f = Q_0$ 时，Q_0 颗粒全部放出，Q_0 由移动体转化为放出体。分析表明 $0 < Q_f \leqslant Q_0$ 的过程都存在移动过渡关系。

（2）$\eta > 1$ 时，Q_0 的移动过程较为复杂。设 $Q_{f0} = \dfrac{Q_0}{C}$，当 $0 < Q_f \leqslant Q_{f0}$ 时，Q_0 表面颗粒静止不动；$Q_f = Q_{f0}$ 时，Q_0 表面颗粒处于极限状态，即将投入运动。

当 $\dfrac{Q_0}{C} < Q_f < Q_0$ 时，Q_0 表面颗粒投入运动，在整个放出过程中，每个时刻都有一个移动体 Q 与之对应。

当 $Q_f = Q_0$ 时，Q_0 表面颗粒全部放出，Q_0 由移动体转化为放出体。

分析表明：只有 $\dfrac{Q_0}{C} < Q_f \leqslant Q_0$ 时存在移动过渡关系。

2. 移动过渡方程的建立

移动过渡方程是表达 Q_0、Q、Q_f 三者之间关系的方程，是放矿理论的基础方程，在以前的论文和著作中将移动过渡方程表达为式（1－13）是欠妥的（见3. 椭球体理论移动过渡方程讨论）。

$$\eta Q_0 - \eta Q_f = Q \tag{1－13}$$

我们来建立新的正确的移动过渡方程。根据移动过程分析，$\eta > 1$ 时，方程建立如下。

（1）质量平衡方程。根据质量守恒定律有：

$$\rho_a Q_0 - \rho_a Q_f = \int_0^Q \rho \mathrm{d}Q \tag{1－14}$$

式（1－14）称为移动过渡质量平衡方程。

（2）Q_0 表面颗粒静止极限质量平衡方程。由放出过程可知，当放出体体积很小时，Q_0 表面颗粒是静止不动的，只有放出体体积为 $Q_{f0}\left(Q_{f0} = \dfrac{Q_0}{C}\right)$ 时，Q_0 表面颗粒成为松动体边界上的颗粒，此时静止状态结束，即将投入运动，此时有：

$$\rho_a Q_0 - \rho_a Q_{f0} = \int_0^{Q_0} \rho \mathrm{d}Q \tag{1－15}$$

我们把式（1－15）称为 Q_0 表面颗粒静止极限质量平衡方程，简称静止平衡方程；把 Q_{f0} 称为 Q_0 表面颗粒处于静止极限状态所对应的放出体，简称静止极限放出体。

（3）Q_0 表面颗粒移动过渡质量平衡方程。

将式（1-15）代入式（1-14）整理得：

$$\int_0^{Q_0} \rho \mathrm{d}Q - \rho_a(Q_f - Q_{f0}) = \int_0^Q \rho \mathrm{d}Q \tag{1-16}$$

变换式（1-15）后，把 $\int_0^{Q_s} \rho \mathrm{d}Q$ 值代入式（1-16）得：

$$\frac{\rho_a}{\eta}Q_0 - \rho_a(Q_f - Q_{f0}) = \int_0^Q \rho \mathrm{d}Q \tag{1-16'}$$

式（1-16）和式（1-16′）即为 Q_0 表面颗粒移动过渡质量平衡方程，简称移动过渡质量平衡方程。它是移动过程中的质量平衡方程。（$Q_f - Q_{f0}$）表示了 Q_0 表面颗粒移动的取值范围，即只有 $Q_f > Q_{f0}$ 时，Q_0 表面颗粒才移动，当 $Q_f < Q_{f0}$ 时，式（1-16）和式（1-16′）无意义。

以上质量平衡方程中，应对以下几点有明确认识：

1）放出开始前 Q_0 的散体质量为 $\rho_a Q_0$。

2）Q_0 表面颗粒即将投入运动时刻的 $Q_0 = Q_s$，Q_0 中未放出的散体质量由式（1-15）得 $\int_0^{Q_0} \rho \mathrm{d}Q = \dfrac{C-1}{C}Q_0\rho_a = \dfrac{Q_0\rho_a}{\eta}$。

3）Q_0 表面颗粒即将投入运动时刻放出体 Q_{f0} 的散体质量为 $\dfrac{\rho_a Q_0}{C}$；当 $Q_f < Q_{f0}$ 时，Q_0 表面颗粒静止不动；当 $Q_f = Q_{f0}$ 时，Q_0 表面颗粒达到极限平衡状态，即将开始移动；当 $Q_f > Q_{f0}$ 时，Q_0 表面颗粒移动；当 $Q_f = Q_0$ 时，Q_0 表面颗粒全部放出，Q_0 由移动体转化为放出体。

4）当 $Q_f = Q_{f0}$ 时，由式（1-16）得 $\int_0^{Q_0} \rho \mathrm{d}Q = \int_0^Q \rho \mathrm{d}Q$，故此时 $Q = Q_0$，即 Q_0 在原有位置即将投入运动。该时刻还有 $Q_s = Q_0$。

5）式（1-16）是式（1-14）的另一表达式，它强调只有 $Q_f > Q_{f0}$ 时，移动过渡的质量平衡方程才有意义。因此应用式（1-14）时，Q_f 取值应满足 $Q_{f0} \leqslant Q_f \leqslant Q_0$。

根据以上质量平衡方程可建立移动过渡方程。

（4）理想散体的移动过渡方程。当 $\eta = 1$ 时，对于理想散体有 $\rho = \rho_a =$ 常数，放出开始瞬间散体移动场所有颗粒同时投入运动，不存在静止极限放出体，或者说静止极限放出体 $Q_{f0} = 0$。式（1-16）变为：

$$\rho_a Q_0 - \rho_a Q_f = \rho_a Q$$

故

$$Q_0 - Q_f = Q \tag{1-17}$$

式（1-17）即为理想散体移动过渡方程。

（5）实际散体的移动过渡方程。由式（1-14）和式（1-16）知，要建立移动过渡方程必须满足三个条件：一是已知密度函数 $\rho = f(R, X, t)$；二是该函数能进行积分运算；三是能消除式中的密度。

当 $\eta > 1$ 时，由于各放矿理论的函数 ρ 表述不同，将在后面建立移动过渡方程。但式（1-14）是移动过渡的基础方程，是放矿理论建立移动过渡方程的基础，各种放矿理论均应遵守。

3. 椭球体理论移动过渡方程讨论

在分析移动过渡质量平衡方程的基础上，讨论椭球体放矿理论的移动过渡方程。

当密度函数 $\rho = f(X, R, t)$ 未知时，为讨论方便，式（1-14）可表达为：

$$\rho_a Q_0 - \rho_a Q_f = \rho_{cQ} Q \tag{1-18}$$

式中 ρ_{cQ}——移动体 Q 的平均密度。

式（1-18）也是移动过渡质量平衡方程。

（1）Q_s 范围内的密度分布。已知散体移动前各处密度均相同。放出开始后，移动范围 Q_s 内各处的密度都在产生变化。在 X 轴方向，X 值越小密度越小，X 值越大密度越大，在移动范围 Q_s 边界上达到最大，为初始密度 ρ_a。在 R 轴方向，R 值越小密度越小，在放出口轴线处达到最小；R 值越大密度越大，在移动范围 Q_s 边界上达到最大，为初始密度 ρ_a。

根据散体放出时密度场中的密度分布可知：散体移动场中移动体 Q 的平均密度 ρ_{cQ} 随着移动体 Q 的体积减小而逐渐减小。当 $Q \to Q_s$ 时，$\rho_{cQ} \to \rho_c$；在放出口附近的移动体的平均密度 ρ_{cQ} 接近放出密度 ρ_0。移动体 Q 的平均密度 ρ_{cQ} 不等于松动体 Q_s 的平均密度 ρ_c，可表达为 $\rho_{cQ} \neq \rho_c$ 或 $\rho_{cQ} < \rho_c$。

（2）Q_s 和 Q 的平均密度。现在来研究移动范围内不同区域的平均密度。

1）整个移动范围内的平均密度 ρ_c。整个移动范围的质量平衡方程为：

$$\rho_a Q_s - \rho_a Q_f = \rho_c Q_s \tag{1-19}$$

已知 $Q_s = C Q_f$，故式（1-19）变换整理后得：

$$\rho_c = \frac{C-1}{C} \rho_a = \frac{\rho_a}{\eta} \tag{1-20}$$

由式（1-20）知：移动范围的平均密度与 Q_s 和 Q_f 值无关，仅与散体性质和放矿条件有关，且是一个仅与散体性质和放矿条件有关的试验常数。

2）移动体 Q 的平均密度 ρ_{cQ}。当密度函数 $\rho = f(X, R, t)$ 未知时，很难用解析式表达出 ρ_{cQ} 值。由于移动过渡过程中存在 $Q_s > Q_0 > Q$，根据 Q_s 范围内的密度分布，不难得出 Q_s 范围内任一移动体 Q 的平均密度（如 ρ_{cQ}）不等于 Q_s 整个范围内的平均密度 ρ_c 的判断（实际是 $\rho_{cQ} < \rho_c$）。即在移动过渡过程中，$\rho_{cQ} \neq \rho_c$。只有当 $Q_s = Q_0 = Q$ 时（即 Q_0 表面颗粒处于静止极限即将投入运动时），$\rho_{cQ} = \rho_c$。

（3）移动过渡方程解析。根据以上平均密度的分析，可得到以下认识：

1）当 $Q_s = Q_0 = Q$ 时。当 Q_0 表面颗粒处于静止极限即将投入运动时有：

$$Q_s = Q_0 = Q, \qquad \rho_{cQ} = \rho_c = \frac{\rho_a}{\eta}$$

代入式（1-18）经变换整理得式（1-13）：

$$\eta Q_0 - \eta Q_f = Q$$

2）当 $Q_s > Q_0 > Q$ 时。根据 Q_s 范围内的密度分布，在 Q_0 表面颗粒投入运动，直至全部放出，移动体 Q 的全部移动过渡过程中均为 $Q_s > Q_0 > Q$，$\rho_{cQ} \neq \rho_c$，即 $\rho_{cQ} \neq \dfrac{\rho_a}{\eta}$。因此，此时式（1-18）有：

$$\rho_a Q_0 - \rho_a Q_f = \rho_{cQ} Q \neq \frac{\rho_a}{\eta} Q \tag{1-21}$$

式（1-21）经变换整理后得：

$$\eta Q_0 - \eta Q_f \neq Q \tag{1-22}$$

（4）结论。根据以上分析可以得出以下结论：

1）移动体 Q 在全部移动过渡过程中，即 $Q_s > Q_0$ 时，移动过渡方程式（1-13）（$\eta Q_0 - \eta Q_f = Q$）不成立。

2）当 Q_0 表面颗粒即将投入运动时刻，即 $Q_s = Q_0$，移动过渡方程式（1-13）（$\eta Q_0 - \eta Q_f = Q$）成立，但对移动过渡过程无意义。

第二章 类椭球体放矿理论的基础方程

类椭球体放矿理论的基础方程主要有移动迹线方程、放出体方程、移动过渡方程和密度方程。它们是通过实验观察、回归分析和理论研究建立起来的，是类椭球体放矿理论其他方程的基础。不同的放矿理论正是因为对基础方程的认识不同而形成的。

第一节 移动迹线方程

移动迹线是散体场中颗粒点在散体场中的移动轨迹或路线。观察研究表明：在散体移动场中有无数条移动迹线，移动迹线上的颗粒点形成一组，且每一组颗粒点都沿着每组共有的移动迹线移动。

一、放矿理论的移动迹线方程

现有放矿理论主要有三种移动迹线方程，即移动迹线为抛物线、直线及幂函数曲线。

1. 移动迹线为抛物线

前苏联学者 Γ. M. 马拉霍夫和 B. B. 库里柯夫认为移动迹线为抛物线。移动迹线方程为：

$$y^2 = \frac{y_0^2}{x_0}x \qquad\qquad (2-1)$$

或

$$R^2 = \frac{R_0^2}{x_0}x \qquad\qquad (2-1')$$

式中 x_0，y_0——颗粒点初始坐标值（xoy 平面）；

x，y——颗粒移动后的坐标值；

R_0——颗粒点径向初始坐标值（圆柱面坐标系）；

R——颗粒移动后径向坐标值（圆柱面坐标系）。

2. 移动迹线为直线

刘兴国教授在等偏心率放矿理论中认为移动迹线为直线。移动迹线方程为：

$$y = \frac{y_0}{x_0}x \qquad\qquad (2-2)$$

3. 幂函数曲线

李荣福教授根据实验研究，在《放矿基本规律的统一数学方程》（1983 年）中认为移动迹线为幂函数曲线。移动迹线方程为：

$$y^2 = \frac{y_0^2}{x_0^{2-n_0}} x^{2-n_0} \qquad\qquad (2-3)$$

或

$$R^2 = \frac{R_0^2}{x_0^{2-n_0}} x^{2-n_0} \qquad\qquad (2-3')$$

式中　n_0——与放矿条件和散体性质有关的实验常数。

任凤玉教授在《随机介质放矿理论及其应用》中也认为移动迹线为幂函数曲线（1994 年）。

二、类椭球体放矿理论的移动迹线方程

李荣福教授在建立类椭球体放矿理论时，根据实验研究得出移动迹线为幂函数曲线，移动迹线方程为：

$$y^2 = \frac{y_0^2}{x_0^n} x^n \qquad\qquad (2-4)$$

$$R^2 = \frac{R_0^2}{x_0^n} x^n \qquad\qquad (2-4')$$

式中　n——颗粒移动迹线指数，它是与散体性质和放矿条件有关的实验常数，一般有 $0 < n \leqslant 2$，与式（2-3）、式（2-3'）中的 n_0 关系为 $n = 2 - n_0$。

其回归分析过程如下。

1. 经验公式的选择

根据实验研究结果和已有的移动迹线方程。回归拟合选用的经验公式为：

$$\frac{y_0}{y} = a \left(\frac{x_0}{x} \right)^{\frac{n}{2}} \qquad\qquad (2-5)$$

其理由如下：

（1）如果选用 $y = y_0 \dfrac{x^{\frac{n}{2}}}{x_0^{\frac{n}{2}}}$，则拟合曲线除通过原点外，还必须通过初始点 (x_0, y_0)，不能得到理想的拟合曲线，研究表明：理论公式（2-4）中的 y 值，实际应该为经验公式中的拟合预报值 $\hat{y}_0$。经验公式中的 y_0 值为实测值。设实测值 $y_0 = a\hat{y}_0$，拟合曲线必然在 x_0 处通过 $\hat{y}_0$，即经验公式为：$y^2 = \dfrac{\hat{y}_0^2}{x_0^n} x^n$，设 $\hat{y}_0 = \dfrac{y_0}{a}$，

则有：

$$y = \frac{y_0}{ax_0^{n/2}} x^{\frac{n}{2}} \qquad (2-5')$$

式中 a——拟合系数。

拟合系数保证拟合曲线通过 $\hat{y}_0$ 而不通过 y_0，从而得到真正的满足最小二乘法原理的理想回归线。

（2）采用 $\dfrac{y_0}{y}$ 和 $\dfrac{x_0}{x}$ 这两个相对数据来代替 y 和 x 这两个实测数据，可以把散布在移动场中的实测值及多条回归线的拟合，转化为适用于整个散体场的一条回归线的拟合，例如，6 号、12 号、18 号颗粒均有 7 对实测值，可以求得三条回归线和三对 a、n 值。如果按实测值求出适用于整个散体场的 a、n 值是不可用的，而转化为相对数据和一条回归线的拟合后，就能求得理想的回归线和适用于整个散体移动场的 a、n 值。

2. 回归分析

经验公式 $y_0/y = a(x_0/x)^{\frac{n}{2}}$ 为一元非线性回归问题，将两端取自然对数，转化为一元线性回归，得新的经验公式为：

$$\ln \frac{y_0}{y} = \ln a + \frac{n}{2} \ln \frac{x_0}{x} \qquad (2-6)$$

式（2-6）的基本形式为 $y = a_0 + bx \left(a_0 = \ln a, \ b = \dfrac{n}{2} \right)$，为一元线性方程，按线性回归处理。

回归计算见表 2-1。

表 2-1 一元回归计算表

标记颗粒号	标记颗粒位置	标记颗粒坐标实测值		$x' = \dfrac{x_0}{x_i}$	$y' = \dfrac{y_0}{y_i}$	$\ln x'$	$\ln y'$	$(\ln x')^2$	$(\ln y')^2$	$\ln x' \ln y'$
		x	y							
	0	40.00	3.00	1	1	0	0	0	0	0
	1	39.50	2.90	1.0127	1.0345	0.0126	0.0339	0.000158	0.001149	0.000427
	2	37.70	2.68	1.0610	1.1194	0.0592	0.1128	0.003507	0.012723	0.066778
6 号	3	35.90	2.60	1.1142	1.1538	0.1081	0.1431	0.011695	0.020478	0.015469
	4	32.95	2.30	1.2140	1.3043	0.1939	0.2657	0.037593	0.070598	0.051519
	5	29.40	2.20	1.3605	1.3636	0.3079	0.3102	0.094793	0.096196	0.095511
	6	20.70	1.71	1.9324	1.7544	0.6587	0.5621	0.433946	0.315978	0.370255

标记 颗粒号	标记颗 粒位置	标记颗粒 坐标实测值		$x'=\dfrac{x_0}{x_i}$	$y'=\dfrac{y_0}{y_i}$	$\ln x'$	$\ln y'$	$(\ln x')^2$	$(\ln y')^2$	$\ln x'\ln y'$
		x	y							
12 号	0	40.00	6.00	1	1	0	0	0	0	0
	1	39.68	5.95	1.0081	1.0084	0.0080	0.0084	0.000065	0.000070	0.000067
	2	38.49	5.90	1.0392	1.0169	0.0385	0.0168	0.001481	0.000282	0.000647
	3	36.12	5.80	1.1074	1.0345	0.1020	0.0339	0.010411	0.001149	0.003458
	4	33.92	5.65	1.1792	1.0619	0.1649	0.0601	0.027184	0.003612	0.009910
	5	29.90	5.15	1.3378	1.1650	0.2910	0.1528	0.084693	0.023336	0.044465
	6	23.49	4.60	1.7029	1.3043	0.5323	0.2657	0.283348	0.070598	0.141432
18 号	0	40.00	9.00	1	1	0	0	0	0	0
	1	39.72	8.65	1.0070	1.0405	0.0070	0.0397	0.000049	0.001573	0.000278
	2	39.39	8.60	1.0155	1.0465	0.0154	0.0454	0.000236	0.002067	0.000699
	3	38.62	8.50	1.0357	1.0588	0.0351	0.0572	0.001233	0.003267	0.002008
	4	36.30	8.40	1.1019	1.0714	0.0971	0.0690	0.009421	0.004760	0.006700
	5	33.68	7.80	1.1876	1.1538	0.1720	0.1431	0.029575	0.020478	0.024613
	6	29.50	7.00	1.3559	1.2857	0.3045	0.2513	0.092714	0.063159	0.076521

回归计算结果如下：

$\sum \ln x' = 3.1082 \qquad \sum \ln y' = 2.5704 \qquad N = 21$

$\overline{\sum \ln x'} = \sum x'/N = 0.148010 \quad \overline{\sum \ln y'} = \sum \ln y'/N = 0.1224$

$\sum (\ln x')^2 = 1.122102$

$\sum (\ln y')^2 = 0.711472$

$(\sum \ln x')^2/N = 0.460043 \quad \sum (\ln x')(\ln y') = 0.870365$

$(\sum \ln y')^2/N = 0.314617$

$(\sum \ln x')(\sum \ln y')/N = 0.380444$

$L_{xx} = \sum (\ln x')^2 - (\sum \ln x')^2/N = 0.662059$

$L_{yy} = \sum (\ln y')^2 - (\sum \ln y')^2/N = 0.396855$

$L_{xy} = \sum (\ln x')(\ln y') - (\sum \ln x')(\sum \ln y')/N = 0.489912$

$b = \dfrac{n}{2} = \dfrac{L_{xy}}{L_{xx}} = \dfrac{0.489912}{0.662059} = 0.739982$

$n = 1.479966 \approx 1.48$

$a_0 = \ln a = \overline{\ln y'} - \dfrac{n}{2}\overline{\ln x'} = 0.012875$

$a = 1.012959$

$$\ln \frac{\hat{y}_0}{y} = 0.012875 + 0.739982\ln \frac{x_0}{x}$$

相关系数 $r = \dfrac{L_{xy}}{\sqrt{L_{xx}L_{yy}}} = 0.955771$

剩余标准离差 $S = \sqrt{\dfrac{L_{yy} - \dfrac{n}{2}L_{xy}}{N-2}} = 0.0425$

由相关系数和剩余标准离差可知相关关系好,精度高。

实验研究证明,移动迹线为幂函数曲线,移动迹线方程为幂函数方程 $y^2 = y_0^2 \dfrac{x^n}{x_0^n}$

是可靠的。该实验得出的移动迹线方程为 $y^2 = \hat{y}_0^2 \dfrac{x^{1.48}}{x_0^{1.48}}$。

三、移动迹线方程讨论

1. 抛物线和直线的拟合

现根据同一实验数据进行抛物线和直线的拟合,由抛物线方程 $y^2 = y_0^2 x/x_0$ 和直线方程 $y = y_0 x/x_0$ 可知,如果拟合曲线通过原点及初始点 (x_0, y_0) 则拟合曲线是唯一的,同理根据幂函数曲线拟合方法,我们使其通过原点及拟合预极值 $\hat{y}_0$,并设实测值 $y_0 = \hat{a}y_0$,则抛物线的经验公式为:$y_0/y = a_1(x_0/x)^{\frac{1}{2}}$,直线的经验公式为 $y_0/y = a_2(x_0/x)$。同理求得:

$$\ln a_1 = \overline{\ln y'} - \frac{1}{2}\overline{\ln x'} = 0.0484 a_1 = 1.0496$$

$$\ln a_2 = \overline{\ln y'} - \overline{\ln x'} = -0.0256 a_2 = 0.9747$$

2. 回归值的计算

幂函数回归值 $\hat{y}_n$ 按式 (2-7) 计算:

$$\hat{y}_n = \frac{y_0}{a}\left(\frac{x}{x_0}\right)^{\frac{n}{2}} \tag{2-7}$$

抛物线回归值 $\hat{y}_1$ 按式 (2-8) 计算:

$$\hat{y}_1 = \frac{y_0}{a_1}\left(\frac{x}{x_0}\right)^{\frac{1}{2}} \tag{2-8}$$

直线回归值 $\hat{y}_2$ 按式 (2-9) 计算:

$$\hat{y}_2 = \frac{y_0 x}{a_2 x_0} \tag{2-9}$$

回归值与实测值对照见表 2-2。

表 2 - 2　回归值与实测值对照表

标记颗粒号	标记颗粒位置	标记颗粒坐标实测值		预报值			$y - \hat{y}_n$	$y - \hat{y}_1$	$y - \hat{y}_2$
		x	y	$\hat{y}_n$	$\hat{y}_1$	$\hat{y}_2$			
6 号	0	40.00	3.00	2.96	2.86	3.08	0.04	0.14	− 0.08
	1	39.50	2.90	2.93	2.84	3.04	− 0.03	0.06	− 0.14
	2	37.70	2.68	2.91	2.77	2.90	− 0.23	− 0.09	− 0.22
	3	35.90	2.60	2.73	2.71	2.76	− 0.13	− 0.11	− 0.16
	4	32.95	2.30	2.57	2.59	2.54	− 0.27	− 0.29	− 0.24
	5	29.40	2.20	2.36	2.45	2.26	− 0.16	− 0.25	− 0.06
	6	20.70	1.71	1.82	2.06	1.59	− 0.11	− 0.35	0.12
12 号	0	40.00	6.00	5.92	5.72	6.16	0.08	0.28	− 0.16
	1	39.68	5.95	5.89	5.70	6.11	0.06	0.25	− 0.16
	2	38.49	5.90	5.76	5.61	5.92	0.14	0.29	− 0.02
	3	36.12	5.80	5.49	5.43	5.56	0.31	0.37	0.24
	4	33.92	5.65	5.24	5.26	5.22	0.41	0.39	0.43
	5	29.90	5.15	4.75	4.94	4.60	0.40	0.21	0.55
	6	23.49	4.60	4.00	4.38	4.10	0.60	0.22	0.50
18 号	0	40.00	9.00	8.88	8.57	9.23	0.12	0.43	− 0.23
	1	39.72	8.65	8.84	8.54	9.17	− 0.19	0.11	− 0.52
	2	39.39	8.60	8.78	8.51	9.09	− 0.18	0.09	− 0.49
	3	38.62	8.50	8.66	8.43	8.92	− 0.16	0.07	− 0.42
	4	36.30	8.40	8.29	8.17	8.38	0.13	0.11	0.02
	5	33.68	7.80	7.82	7.87	7.77	− 0.02	− 0.02	0.03
	6	29.50	7.00	7.09	7.36	6.81	− 0.09	− 0.09	0.19

3. 剩余标准离差 S 计算

$$S_n = \sqrt{\sum (y - \hat{y}_n)^2 / (N - 2)} = \sqrt{\frac{1.1306}{19}} = 0.2439$$

$$S_1 = \sqrt{\sum (y - \hat{y}_1)^2 / (N - 2)} = \sqrt{\frac{1.1447}{19}} = 0.2455$$

$$S_2 = \sqrt{\sum (y - \hat{y}_2)^2 / (N - 2)} = \sqrt{\frac{1.7994}{19}} = 0.3077$$

4. 回归总结

从回归分析可以看出：采用幂函数方程 $y^2 = y_0^2 \dfrac{x^n}{x_0^n}$ 作为移动迹线方程是较好的

选择，值得推荐，理由如下：

（1）剩余标准离差小。计算表明 $S_n < S_1 < S_2$。

（2）拟合曲线里两侧实测点分布均匀。计算表明，幂函数两侧实测点基本相同，而另两个拟合曲线两侧相差较多。

（3）拟合曲线调整能力强。由回归分析可知幂函数可以由 n 和 a 两个参数调整拟合曲线，而另外两个拟合曲线只能靠 a 调整拟合曲线。

（4）适应范围大。幂函数方程 $y^2 = y_0^2 \dfrac{x^n}{x_0^n}$，当 $n = 1$ 时，为抛物线方程 $y^2 = y_0^2 \dfrac{x}{x_0}$；当 $n = 2$ 时，为直线方程 $y = y_0 \dfrac{x}{x_0}$。即幂函数方程 $y^2 = y_0^2 \dfrac{x^n}{x_0^n}$ 包括了另外两个拟合曲线，其适应范围大。

特别应指出的是，由于类椭球体放矿理论整体已通过了理论检验，所以幂函数的移动迹线方程可以认为已经由经验公式上升为理论方程。

还应指出的是，根据散体力学理论，固定或极限移动边界方程是移动迹线方程的特殊方程。已知移动边界方程为：

$$y = Kx^n \tag{2-10}$$

式中　K——移动边界系数，是与放矿条件及散体性质有关的实验常数，一般有
$\qquad 0.5 \leqslant K \leqslant 3$。

因此，可以根据最终移动边界的测定值求出 K 值和 n 值。即测定最终移动边界上若干点的 x_b、y_b 值，根据移动边界方程进行回归拟合，求出 K 值和 n 值。

第二节　放出体方程

一、放出体体形的几种观点

放出体形状是放矿理论首先必须回答的问题，也是放矿理论建立的重要基础。因为放出体形状集中反映了散体移动场的特征。一个失真的放出体形状，不但使放矿理论揭示的移动场与实际移动场不一致，而且还会出现无法克服的理论与实际相悖的矛盾。

半个多世纪众多的放矿理论研究者对放出体形状进行了研究，有的还根据放出体体形建立了放矿理论，主要观点有：

（1）有人认为放出体是近似的截头椭球体，但按完全椭球体处理，如 B. B. 库里柯夫教授和刘兴国教授。

（2）有人认为放出体是近似的截头椭球体，但按截头椭球体处理，如 Г. M. 马拉霍夫教授、王昌汉教授和李荣福教授等。

（3）有人认为放出体上部较粗，下部较细，如苏宏志教授、梅山铁矿工业试验等。

（4）有人认为放出体下部较粗，上部较细，如王泳嘉教授和周先明研究员等。

（5）有人认为放出体根据散体性质和放矿条件的变化，可以是上粗下细、上细下粗或上下接近。放出体是一个形状可以变化的近似（类似）的椭球体，如黄德玺教授、李荣福教授、任凤玉教授等。

以上观点都是实验研究、工业试验、理论研究的成果，包括了放出体体形的一个方面，包含了合理的内核。

马鞍山矿山研究院黄德玺教授等对放出体体形进行了系统实验研究，发现放出体形态随装填容重大小而变化，当装填物料处于松散状态时放出体形态上大下小；当装填物料容重达到临界悬顶状态时，放出体形态上小下大（表2-3）。

表2-3 不同物料级配不同放出条件下试验放出体形态

半径/mm	密实装填状态	自然堆积装填状态	半径/mm	密实装填状态	自然堆积装填状态
<2			8~10		
4~6			混合粒径		

工业放出体形态如图 2 - 1 所示。

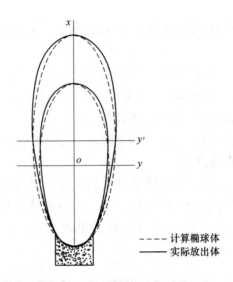

图 2 - 1 工业放出体形态图（梅山铁矿）

李荣福教授认为马鞍山矿山研究院的研究成果是符合实际的，经过实验和研究，认为放出体形态应该是可以变化的近似（类似）椭球体，简称"类椭球体"，并创立了类椭球体放矿理论。

由于放出口的存在，实际的放出体是截头的。要完全符合实际，则应承认和表达放出体是一个截头的旋转类椭球体。

研究表明，要如实反映放出体的截头，则很难通过理论检验，而且方程变得相当复杂。

类椭球体理论注意到了截头的存在，但在建立理论时，将放出体视为一个完全的旋转类椭球体，并提出理论放出口的概念来保证放出体的完整，而用实际放出口来反映放出体的截头。

应当指出，采用不截头的完全类椭球体也会造成一些问题。如理论放出口实际是一个点，破裂漏斗不破裂；理论放出口的通过能力是无限制的，理论上的颗粒点也是没有尺寸的，都与实际不符。但总体上看，这些都不影响基本规律，造成的误差也不大，所以不应该受制于某些实际的枝节问题，应注重理论系统的完备性。

二、放出体方程的建立

类椭球体放矿理论认为放出体是一个形状可以变化（上大下小，上小下大，上下接近甚至相同）的截头近似椭球体，但按完全的类椭球体处理。据此建立的放出体方程如下。

1. 放出体母线方程

在实验室进行立体模型实验，装填时尽可能地使装填密度接近放出密度，即使 $\eta \approx 1$。共进行了九组试验，测定 R（$R = \sqrt{Y^2 + Z^2}$）、H 和 X，以确定放出体母线方程。

根据实验结果进行了多种曲线拟合，最后选定了既符合实验又符合理论要求的方程。方程表达式为：

$$R^2 = KX^n \left[1 - \left(\frac{X}{H} \right)^{\frac{n+1}{m}} \right] \qquad (2-11)$$

实验及拟合结果见表 2-4，回归拟合复相关系数为 0.93175，相对离差为 5.1782%。由复相关系数、相对离差不难看出，曲线拟合精度高，是一个理想的放出体母线方程。

表 2-4 试验测定及回归曲线拟合结果汇总表

放出顺序	H	X 12		X 16		X 20		X 24		X 28		X 32		X 36		X 40		X 44		X 48	
		Y	$\hat{Y}$	Y	$\hat{Y}$	Y	$\hat{Y}$	Y	$\hat{Y}$	Y	$\hat{Y}$	Y	$\hat{Y}$	Y	$\hat{Y}$	Y	$\hat{Y}$	Y	$\hat{Y}$	Y	$\hat{Y}$
1	16	3.29	3.26																		
2	20	4.20	4.30	3.62	3.56																
3	24	4.92	4.96	4.54	4.79	3.84	3.87														
4	28	5.32	5.44	5.19	5.58	4.87	5.21	4.16	4.11												
5	32	5.86	5.81	5.97	6.17	5.82	6.11	5.25	5.57	4.29	4.33										
6	36	5.91	6.11	6.19	6.62	6.39	6.78	6.19	6.57	5.44	5.89	4.47	4.52								
7	40	6.16	6.36	6.64	7.00	6.85	7.32	6.94	7.32	6.49	6.97	6.20	6.18	4.68	4.70						
8	44	6.33	6.57	6.90	7.31	7.13	7.76	7.30	7.93	7.04	7.80	6.90	7.34	6.42	6.45	4.80	4.87				
9	48	6.56	6.75	7.12	7.58	7.53	8.13	7.85	8.43	7.88	8.47	7.67	8.23	7.19	7.67	6.62	6.69	5.01	5.02		
10	52	6.71	6.91	7.29	7.81	7.81	8.45	8.10	8.86	8.37	9.03	8.34	8.96	8.05	8.63	7.60	7.98	6.83	6.92	5.23	5.16

注：复相关系数 $R = 0.93175$，相对离差 $S = 5.1782\%$，Y—测定值，$\hat{Y}$—回归值。

类椭球体放矿理论建立的放出体母线方程在 XOY 坐标面上表达为以下形式：

$$Y^2 = KX^n \left[1 - \left(\frac{X}{H} \right)^{\frac{n+1}{m}} \right] \qquad (2-11')$$

式中 X, Y——放出体母线上任一点的坐标值；

H——该点相应的放出体的高；

K, n, m——与放矿条件及放出物料性质有关的实验常数，K 称为边界系数，n 称为移动迹线指数，m 称为速度分布指数。试验数据处理结果为 $K=1.831$，$n=1.617$，$m=7.659$。

式（2-11′）可变换为：

$$Y^2 = KH^{-\frac{n+1}{m}} \left(H^{\frac{n+1}{m}} - X^{\frac{n+1}{m}} \right) X^n \qquad (2-11'')$$

式（2-11′）和式（2-11″）为类椭球体放矿理论的放出体母线方程。

2. 放出体表面方程

放出体是旋转体，因此 XOY 坐标面上的 Y 值实际与 R 值相等，故根据放出体母线方程可得放出体表面方程：

$$Y^2 + Z^2 = KX^n \left[1 - \left(\frac{X}{H} \right)^{\frac{n+1}{m}} \right] \qquad (2-12)$$

或

$$Y^2 + Z^2 = KH^{-\frac{n+1}{m}} \left(H^{\frac{n+1}{m}} - X^{\frac{n+1}{m}} \right) X^n \qquad (2-12')$$

由于 $R^2 = Y^2 + Z^2$，故又可表达为：

$$R^2 = KX^n \left[1 - \left(\frac{X}{H} \right)^{\frac{n+1}{m}} \right] \qquad (2-13)$$

或

$$R^2 = KH^{-\frac{n+1}{m}} \left(H^{\frac{n+1}{m}} - X^{\frac{n+1}{m}} \right) X^n \qquad (2-13')$$

式中 R, X——分别为圆柱面坐标的水平径向坐标和垂直竖向坐标。

式（2-12）、式（2-12′）、式（2-13）、式（2-13′）均为类椭球体放矿理论放出体表面方程。

3. 放出体高度方程

由表面方程可得到放出体高度方程：

$$H = \frac{X}{\left(1 - \frac{Y^2 + Z^2}{KX^n} \right)^{\frac{m}{n+1}}} \qquad (2-14)$$

或

$$H = \frac{X}{\left(1 - \frac{R^2}{KX^n} \right)^{\frac{m}{n+1}}} \qquad (2-14')$$

式（2-14）、式（2-14'）为类椭球体放矿理论放出体高度方程。

4. 放出体体积方程

放出体为旋转体，故按式（2-13）体积可计算如下：

$$Q_f = \int_0^H \pi R^2 \, dX$$

$$Q_f = \int_0^H \pi K X^n \Big[1 - \Big(\frac{X}{H} \Big)^{\frac{n+1}{m}} \Big] dX$$

$$= \int_0^H \frac{\pi K}{n+1} \Big[dX^{n+1} - H^{n+1} \Big(\frac{X}{H} \Big)^{\frac{n+1}{m}} d \Big(\frac{X}{H} \Big)^{n+1} \Big]$$

$$= \frac{\pi K}{n+1} \Big[X^{n+1} - \frac{m}{n+1} H^{n+1} \Big(\frac{X}{H} \Big)^{\frac{(n+1)(m+1)}{m}} \Big] \Big|_0^H$$

$$= \frac{\pi K}{n+1} \Big(H^{n+1} - \frac{m}{m+1} H^{n+1} \Big)$$

$$Q_f = \frac{\pi K}{(n+1)(m+1)} H^{n+1} \tag{2-15}$$

式（2-15）与椭球体理论统一数学方程的体积方程形式一致。类椭球体理论和椭球体理论中，$n = 2 - n_0$，$K = \frac{(n+1)(m+1)}{6} K_0$。由此可知，速度分布指数 m 是影响体形的主要参数。

将式（2-14）或式（2-14'）代入式（2-15），得：

$$Q_f = \frac{\pi K X^{n+1}}{(n+1)(m+1)\Big(1 - \frac{Y^2 + Z^2}{K X^n} \Big)^m} \tag{2-16}$$

或

$$Q_f = \frac{\pi K X^{n+1}}{(n+1)(m+1)\Big(1 - \frac{R^2}{K X^n} \Big)^m} \tag{2-16'}$$

式（2-15）、式（2-16）、式（2-16'）为类椭球体放矿理论放出体体积方程。

三、放出体方程的检验

放出体母线方程是根据放矿实验测定，进行多种回归拟合得出的经验公式。根据类椭球体放矿理论的放出体方程，张慎河在硕士学位论文中进行了多份实验资料的拟合及椭球体方程的拟合对比计算。实验及回归拟合结果见表 2-5 ~ 表 2-7，表中仅列出了类椭球体母线及椭球体母线的拟合值。

表 2-5 实验测定及回归拟合结果汇总表

X	R	H									
		16	20	24	28	32	36	40	44	48	52
12	R_c	3.29	4.20	4.92	5.32	5.86	5.91	6.16	6.33	6.56	6.71
	R_t	3.24	4.28	4.97	5.48	5.88	6.22	6.51	6.77	6.99	7.20
	R_1	3.25	4.22	4.80	5.21	5.52	5.77	5.96	6.13	6.27	6.39
16	R_c		3.62	4.54	5.19	5.97	6.19	6.64	6.9	7.12	7.29
	R_t		3.50	4.68	5.48	6.08	6.55	6.96	7.31	7.61	7.88
	R_1		3.56	4.69	5.41	5.93	6.32	6.63	6.89	7.11	7.30
20	R_c			3.84	4.87	5.82	6.39	6.85	7.13	7.53	7.85
	R_t			3.70	5.00	5.88	6.56	7.11	7.57	7.96	8.31
	R_1			3.81	5.07	5.90	6.50	6.97	7.35	7.67	7.93
24	R_c				4.16	5.25	6.19	6.94	7.30	7.85	8.10
	R_t				3.87	5.26	6.22	6.96	7.57	8.08	8.52
	R_1				4.01	5.39	6.31	6.99	7.53	7.96	8.33
28	R_c				4.29	5.44	6.49	7.04	7.88	8.37
	R_t					4.02	5.49	6.51	7.31	7.96	8.52
	R_1					4.19	5.66	6.66	7.41	8.01	8.50
32	R_c						4.47	6.20	6.90	7.67	8.34
	R_t						4.15	5.68	6.77	7.61	8.31
	R_1						4.35	5.90	6.97	7.78	8.43
36	R_c							4.68	6.42	7.19	8.05
	R_t							4.26	5.86	6.99	7.88
	R_1							4.49	6.12	7.25	8.11
40	R_c								4.80	6.62	7.60
	R_t								4.37	6.02	7.20
	R_1								4.61	6.31	7.50
44	R_c									5.01	6.83
	R_t									4.46	6.16
	R_1									4.73	6.49
48	R_c										5.23
	R_t										4.55
	R_1										4.84

备注	X,R——点的垂直坐标与径向坐标； R_c——实验时测量的点的径向坐标值； R_t——利用椭球体放矿理论回归得点的径向坐标值； R_1——利用类椭球体放矿理论回归得点的径向坐标值			

备注	参数结果		类椭球体放矿理论	椭球体放矿理论
	参数结果	$K(K_0)$	$2.063(K)$	$1.140(K_0)$
		M	4.8	
		$N(N_0)$	$1.458(N)$	$0.597(N_0)$
	剩余标准差 S		0.172	0.340
	相关系数 r		0.998	0.966
	$$S = \sqrt{\frac{1}{n-2}\sum(Y_i - \hat{Y}_i)^2}, \quad r = \sqrt{1 - \frac{\sum(Y_i - \hat{Y}_i)^2}{\sum(Y_i - \overline{Y})^2}}$$			

表 2－6　刘芸等数据回归结果表

X	R	H									
		18	21	24	27	30	33	36	39	42	45
12	R_c	3.48	4.12	4.43	4.78	5.08					
	R_t	3.58	4.14	4.55	4.87	5.13					
	R_1	3.56	4.10	4.49	4.79	5.02					
15	R_c	2.8	3.88	4.37	4.77	5.17	5.47	5.64			
	R_t	2.83	3.78	4.40	4.87	5.23	5.53	5.79			
	R_1	2.84	3.78	4.40	4.85	5.20	5.48	5.71			
18	R_c		3.1	4.23	4.45	5.17	5.53	5.88	6.13	6.47	
	R_t		2.93	3.94	4.62	5.13	5.53	5.87	6.15	6.40	
	R_1		2.95	3.97	4.64	5.14	5.53	5.85	6.12	6.35	
21	R_c						5.38	5.75	6.12	6.53	6.83
	R_t						5.35	5.79	6.15	6.47	6.74
	R_1						5.39	5.82	6.18	6.48	6.73
24	R_c								6.05	6.42	6.78
	R_t								6.01	6.40	6.74
	R_1								6.07	6.47	6.78
27	R_c										6.63
	R_t										6.62
	R_1										6.70

续表 2 – 6

			类椭球体放矿理论	椭球体放矿理论
备注	参数结果	$K(K_0)$	2.57(K)	1.513(K_0)
		M	4.446	
		$N(N_0)$	1.31(N)	0.741(N_0)
	剩余标准差 S		0.088	0.098
	相关系数 r		0.997	0.996

上表说明:

X, R——点的垂直坐标与径向坐标;

R_e——实验时测量的点的径向坐标值;

R_t——利用椭球体放矿理论回归得点的径向坐标值;

R_1——利用类椭球体放矿理论回归得点的径向坐标值

$$S = \sqrt{\frac{1}{n-2}\sum(Y_i - \hat{Y}_i)^2}, \quad r = \sqrt{1 - \frac{\sum(Y_i - \hat{Y}_i)^2}{\sum(Y_i - \bar{Y})^2}}$$

表 2 – 7　高永涛数据回归结果表

X	R_e	R_t	R_1
40.0	0.0	0.0	0.0
37.5	3.84	3.65	3.88
35.0	5.30	4.98	5.27
32.5	6.25	5.88	6.19
30.0	6.91	6.52	6.82
27.5	7.34	6.98	7.26
25.0	7.65	7.29	7.53
22.5	7.75	7.47	7.66
20.0	7.76	7.53	7.67
17.5	7.62	7.47	7.54
15.0	7.27	7.29	7.29
12.5	6.70	6.98	6.90
10.0	6.22	6.52	6.36
7.5	5.48	5.87	5.64
5.0	4.50	4.98	4.67
2.5	3.13	3.65	3.30
0.0	1.10	0.0	0.0

X,R——点的垂直坐标与径向坐标;

$\quad R_c$——实验时测量的点的径向坐标值;

$\quad R_t$——利用椭球体放矿理论回归得点的径向坐标值;

$\quad R_l$——利用类椭球体放矿理论回归得点的径向坐标值

备注			类椭球体放矿理论	椭球体放矿理论
	参数结果	$K(K_0)$	4.224(K)	$K_0H^{-N_0}=0.1418$
		M	1.847	
		$N(N_0)$	1.083(N)	
	剩余标准差 S		0.150	0.358
	相关系数 r		0.992	0.973
	$$S=\sqrt{\frac{1}{n-2}\sum(Y_i-\hat{Y}_i)^2},\quad r=\sqrt{1-\frac{\sum(Y_i-\hat{Y}_i)^2}{\sum(Y_i-\bar{Y})^2}}$$			
	由于高永涛的实验数据只是在同一高度下试验所得的结果,所以不需求出具体的参数 K、n 值,但是仍然可以作出放出体形			

注:由于类椭球体放矿理论的放出体母线方程不能变形为直线方程的表达式,所以参数的取得是采用搜索的方式确定的(K、n 的范围已知),由剩余标准差的准确定义可以得出回归的标准差,r 的计算方程由下式得出:

$$S=\sqrt{\frac{1}{n-2}\sum(Y_i-\hat{Y}_i)^2}=\sqrt{\frac{1-r^2}{n-2}\sum(Y_i-\bar{Y})^2}$$

由表 2 – 5 ~ 表 2 – 7 的数据可以看出,用类椭球体放矿理论的母线方程回归拟合放出体形状所得的剩余标准差,都比用椭球体放矿理论的母线方程回归拟合放出体形状所得的剩余标准差小,这就说明回归线的精度高,类椭球体放矿理论的放出体母线方程更能接近实际放出体形状;用类椭球体放矿理论的母线方程回归拟合放出体形状所得的相关系数,都比用椭球体放矿理论的母线方程回归拟合放出体形状所得的相关系数大且接近 1,这说明相关性好,类椭球体放矿理论的放出体母线方程是较理想的回归方程。

应当指出的是,类椭球体的母线方程在建立时为回归拟合的经验公式。由于该理论建立了符合实际的密度方程,类椭球体放矿理论的理想方程和实际方程都能通过连续流动的理论检验,在理论上是完整的、连续的、闭合的,因此,可以认为该方程已经上升为理论方程。

四、类椭球体放矿理论放出体体形讨论

类椭球体放矿理论给出的放出体形状是一个旋转的类椭球体,该类椭球体的

体形可以随放出条件和散体性质而变化，呈现上大下小、上小下大、上下接近的类椭球体体形，甚至为标准椭球体体形。

1. 放出体体形判别式

类椭球体理论给出的表面方程为式（2-13），即：

$$R^2 = KX^n\left[1 - \left(\frac{X}{H}\right)^{\frac{n+1}{m}}\right] = KX^n - KH^{-\frac{n+1}{m}}X^{\frac{n+1+mn}{m}}$$

只要找出 R 的极大值对应的 $\frac{X}{H}$ 值即可确定放出体体形。因此通过 R（或 R^2）对 X 求导即可求得。

$$\frac{\mathrm{d}R^2}{\mathrm{d}X} = nKX^{n-1} - \frac{n+1+mn}{m}KH^{-\frac{n+1}{m}}X^{\frac{n+1+mn-m}{m}} = 0$$

整理得：

$$\frac{X}{H} = \left(\frac{mn}{mn+n+1}\right)^{\frac{m}{n+1}} \tag{2-17}$$

式（2-17）为放出体体形判别式。

当 $\frac{X}{H} > 0.5$ 时，则类椭球体上大下小；

当 $\frac{X}{H} < 0.5$ 时，则类椭球体上小下大；

当 $\frac{X}{H} \approx 0.5$ 时，则类椭球体上下大小基本相近；

当 $\frac{X}{H} = 0.5$ 时，则类椭球体变为椭球体。

计算表明：当 $m = 2$，$n = 1$ 时，$\frac{X}{H} = 0.5$。

将 m、n 值代入式（2-13′），得：$R^2 = KH^{-1}(H-X)X$，该式与 $R^2 = (1-\varepsilon^2)(H-X)X$ 的椭球体表面方程一致（因为 $1-\varepsilon^2 = KH^{-n_0}$）。

2. $\frac{X}{H}$ 值计算

表2-8列出了放出体形状与参数 m、n 的关系的部分计算结果。

3. 结果分析

由计算结果可以看出：

（1）只要调整 n 值和 m 值，就会出现上大下小、上小下大、上下基本一致的放出体形。

表 2 - 8 放出体形状 $\left(\dfrac{X}{H}\right)$ 与参数 m、n 的关系

n	m	X/H	n	m	X/H
2	10	0.63	1	0.5	0.67
2	5	0.65	0.9	10	0.36
2	1	0.74	0.9	5	0.40
2	0.5	0.79	0.9	1	0.55
1.8	10	0.60	0.9	0.5	0.65
1.8	5	0.62	0.7	10	0.28
1.8	1	0.72	0.7	5	0.31
1.8	0.5	0.78	0.7	1	0.48
1.6	10	0.56	0.7	0.5	0.59
1.6	5	0.58	0.5	10	0.17
1.6	1	0.69	0.5	5	0.21
1.6	0.5	0.76	0.5	1	0.40
1.4	10	0.52	0.5	0.5	0.63
1.4	5	0.54	0.4	10	0.12
1.4	1	0.66	0.4	5	0.15
1.4	0.5	0.73	0.4	1	0.34
1.2	10	0.47	0.4	0.5	0.48
1.2	5	0.49	0.3	10	0.06
1.2	2	0.55	0.3	5	0.09
1.2	1	0.62	0.3	1	0.28
1.2	0.5	0.70	0.3	0.5	0.38
1	10	0.40	0.1	10	0.0012
1	5	0.43	0.1	5	0.005
1	2	0.50	0.1	1	0.10
1	1	0.58	0.1	0.5	0.24

（2）当 $n=1$，$m=2$，放出体将变为椭球体。

（3）n 的取值范围是 $0 < n \leqslant 2$，m 的取值范围一般按 $10 \sim 0.5$ 选取。

结果还表明，放出体方程能反映不同放出体形，符合实际。

4. 类椭球体放矿理论放出体（移动体）体形

类椭球体放矿理论放出体（移动体）有两种体形。

已知放出体表面方程为：

$$R^2 = KX^n \left[1 - \left(\frac{X}{H} \right)^{\frac{n+1}{m}} \right] \tag{2-13}$$

或

$$R^2 = KH^{-\frac{n+1}{m}} \left(H^{\frac{n+1}{m}} - X^{\frac{n+1}{m}} \right) X^n \tag{2-13'}$$

由式（2-13'）知：放出体为一类椭球体。

当 $n=1$，$m=2$ 时，式（2-13'）变为：

$$R^2 = KH^{-1}(H-X)X \tag{2-13''}$$

由式（2-13''）知：此时的放出体为标准椭球体。

由以上分析知：类椭球体放矿理论的放出体（移动体）有两种体形：一般为类椭球体体形；当 $n=1$、$m=2$ 时为标准的椭球体体形。

第三节　密　度　方　程

一、散体密度场

一般认为堆积或盛装的散体是均匀的，即散体中各处密度都相同，亦即密度场是均匀场和定常场。现研究放出开始后散体密度场的变化情况。

1. 理想散体

理想散体是无二次松散现象的散体（平均二次松散系数 $\eta=1$），因此，当散体开始放出后，无论移动范围内、移动范围外，还是移动边界上，密度都不会发生变化，就是说散体密度场不会发生变化。散体中无论移动带内、移动带外，还是移动边界上，任意点的密度 ρ 都等于散体场放出前的初始密度 ρ_a，也等于放出口处的放出密度 ρ_0，而且不随时间变化。因此，理想散体的密度场是均匀场、定常场。

理想散体移动场（包括移动边界）中各处密度相等，即理想散体的密度场是一个等密度场，移动场是一个密度不变的等密度体。

经研究，该等密度体表面方程为 $R^2 = KX^n$，因此理想散体的等密度体是一个上部敞开的幂函数旋转体。

2. 实际散体

实际散体存在二次松散现象（$\eta>1$），当散体开始放出后，散体密度场发生变化，有三种情况：

（1）密度发生变化。在移动（松动）带内（松动体内），由于部分散体的放出而发生二次松散，使移动（松动）带内各处的密度都发生变化。在垂直方向上，离放出口越远，密度越大，在移动边界上达到初始密度值 ρ_a；离放出口越近，密度越小，在放出口处达到放出密度值 ρ_0。在水平方向上，距放出口轴线越远，密度越大，在移动边界上达到初始密度值 ρ_a，距放出口轴线越近，密度越小。散体移动场内任意点的密度 ρ 为 $\rho_0 \leqslant \rho \leqslant \rho_a$。移动带内任意点的密度，随着放出时间的增长而减小，由初始密度 ρ_a 逐渐减小，无限放出则趋近于放出密度值 ρ_0。因此，移动带内的散体密度场是非均匀场和不定常场。

（2）密度不发生变化。在极限移动边界上和边界外，无论如何放出，即使放出口上部散体全部放空，极限移动边界转化为最终的移动（静止）边界，散体密度仍然保持堆积或盛装的原始状态，各处密度相同（均为 ρ_a），且不随时间而变，即极限移动边界外的散体密度场为均匀场和定常场。

（3）密度暂时不发生变化。在瞬时松动边界上，颗粒点即将投入运动，但仍未移动，保持初始密度 ρ_a 值，但松动体边界是随着散体的放出逐渐向外扩展的，当无限放出或放空时，则达到极限移动边界（最终移动边界）。因此，松动（移动）边界与极限移动边界之间的散体密度暂时不发生变化，其密度场是一个暂时的均匀场和定常场，随着移动边界的向外扩大，移动边界附近部分散体密度将发生变化，密度场逐渐转化为非均匀场和不定常场，转化范围的大小取决于放出时间。

松动体表面（瞬时移动边界面）上各处的密度都等于初始密度，它是一个较特殊的等密度面。

二、理想散体的密度方程的建立

根据理想散体密度场的分析研究，很容易写出理想散体的密度方程：

$$\rho = \rho_a = \rho_0 \tag{2-18}$$

式中　ρ——散体任意颗粒点的密度；

ρ_a——散体初始密度；

ρ_0——散体放出密度。

式（2-18）为理想散体的密度方程。式（2-18）表明理想散体移动范围内各处的密度均相等，散体颗粒点的密度与其空间的坐标位置和放出时间无关。

三、实际散体密度方程的建立

实际散体的密度变化比较复杂，下面建立实际散体的密度方程。

1. 密度方程建立的依据

（1）散体为连续介质，散体的密度及其变化在散体场中各处都是连续的。

（2）研究表明，可以认为移动体表面为等密度面。

移动体表面为等密度面是在观察研究基础上的推理。因为松动体表面为等密度面，移动体表面密度也大致相同，到达放出口时密度也相等。放出开始和放出结束都是等密度面，移动过程保持等密度面符合情理，同时也可使研究的问题简单化。

2. 密度方程的提出

由于试验手段的限制，目前对密度场的研究甚少，还不能直接通过实验来建立密度方程。但我们可以根据目前的认识去寻求一个能满足理论要求并符合现有实验结果的密度方程。

我们只要找出散体移动场中固定的空间位置 $A(R,X)$ 处的密度计算公式，就建立了散体密度场的密度方程。

经研究，散体放出过程中散体移动场内 A 点处的密度可按式（2-19）计算：

$$\rho = \rho_0 \left(1 + \alpha \frac{Q}{Q_s} \right)^{\frac{1}{\alpha}} \qquad (2-19)$$

式中　ρ——A 点处的密度；

　　　ρ_0——放出密度；

　　　Q——与点 A 相对应的移动体体积（即点 A 处在该移动体表面上），$0 \leqslant Q \leqslant Q_s$；

　　　Q_s——研究时刻对应的松动体体积；

　　　α——密度变化常数，它是与静止密度 ρ_a 和放出密度 ρ_0 有关的常数。

由式（2-19）知：当 $Q = Q_s$ 时，Q 表面的密度为 ρ_a，即 $\rho = \rho_a$，故：

$$(1 + \alpha)^{\frac{1}{\alpha}} = \frac{\rho_a}{\rho_0} \qquad (2-20)$$

α 值由松动范围系数 C 计算更为方便，因为 $C = (1 + \alpha)^{\frac{1+\alpha}{\alpha}}$。当 C 为 15 左右时，α 为 11 左右。

式（2-19）为类椭球体放矿理论实际散体的密度方程。

与 A 点相对应的移动体体积 Q 是 A 点空间坐标值（X，Y，Z 或 R，X）的函数，由类椭球体放矿理论体积方程知：

$$Q = \frac{\pi K X^{n+1}}{(n+1)(m+1) \left(1 - \frac{Y^2 + Z^2}{KX^n} \right)^m} \qquad (2-21)$$

设单位时间放出体积为 q_0，单位时间放出体体积为 q，则有：

$$q = \rho_0 q_0 / \rho_a \qquad (2-22)$$

$$Q_s = C \frac{\rho_0 q_0}{\rho_a} t \qquad (2-23)$$

将式（2-21）和式（2-23）代入式（2-19），得：

$$\rho = \rho_0 \left[1 + \frac{\alpha \pi \rho_a K X^{n+1}}{(n+1)(m+1) \left(1 - \frac{Y^2 + Z^2}{KX^n} \right)^m C \rho_0 q_0 t} \right]^{\frac{1}{\alpha}} \qquad (2-24)$$

或

$$\rho = \rho_0 \left[1 + \frac{\alpha \pi \rho_a K X^{n+1}}{(n+1)(m+1)\left(1 - \dfrac{R^2}{KX^n}\right)^m C \rho_0 q_0 t} \right]^{\frac{1}{\alpha}} \qquad (2-24')$$

式中　m——速度分布指数，试验常数；

　　　K——移动边界系数，试验常数；

　　　n——移动迹线指数，试验常数。

$0 \leq X \leq H_s$，$0 \leq Y^2 + Z^2 \leq R_s^2$，$0 \leq R^2 \leq R_s^2$，其中 H_s 和 R_s 为瞬时松动体的高及径向坐标值；

式（2-24）和式（2-24'）也是类椭球体放矿理论实际散体的密度方程。

式（2-19）、式（2-24）和式（2-24'）均为实际散体密度方程。由式（2-24）看出，密度（ρ）是空间坐标值（x，y，z）和时间（t）的函数，表明散体密度场为不均匀场、不定常场。

四、密度方程的检验

以下对实际散体的密度方程进行检验。

1. 平均二次松散系数为常数（松动范围内）

实验研究表明，松动范围系数 C 为常数，平均二次松散系数 η 也为常数。首先检验 η 为常数。

放出过程中，t 秒末时刻存在以下关系：

$$\rho_a Q_s - \rho_a Q_f = \rho_c Q_s \qquad (2-25)$$

因 $Q_f = qt$，$q = \rho_0 q_0 / \rho_a$，代入式（2-25）得：

$$\rho_a Q_s - \rho_0 q_0 t = \rho_c Q_s \qquad (2-25')$$

式中　ρ_c——t 秒末时刻松动范围内的平均密度。

式（2-25）和式（2-25'）均为质量平衡方程。

平均二次松散系数 η 应按式（2-26）计算：

$$\eta = \frac{Q_s}{Q_s - Q_f} \qquad (2-26)$$

根据式（2-25）和式（2-26）可得：

$$\eta = \frac{\rho_a}{\rho_c} \qquad (2-26')$$

现计算 ρ_c：

已知移动体表面为等密度面，沿某 Q 移动体整个表面取微单元体 dQ，在 dQ 内各处的密度都相同且为 ρ，故 dQ 体积内的质量为 ρdQ，则 t 秒末时刻，在松动

范围 Q_s 内的质量可表示为 $\int_0^{Q_s} \rho \mathrm{d}Q$。$t$ 秒末时刻 Q_s 内的质量亦可用 $\rho_c Q_s$ 计算，故有：

$$\rho_c = \frac{1}{Q_s} \int_0^{Q_s} \rho \mathrm{d}Q$$

式（2-19）代入上式后进行定积分：

$$\rho_c = \frac{1}{Q_s} \int_0^{Q_s} \rho_0 \left(1 + \alpha \frac{Q}{Q_s}\right)^{\frac{1}{\alpha}} \mathrm{d}Q = \frac{\rho_0}{1+\alpha}\left[(1+\alpha)^{1+\frac{1}{\alpha}} - 1\right] \quad (2-27)$$

将式（2-20）和（2-27）代入式（2-26'）得：

$$\eta = \frac{\rho_a}{\rho_c} = \frac{(1+\alpha)^{1+\frac{1}{\alpha}}}{(1+\alpha)^{1+\frac{1}{\alpha}} - 1} \quad (2-28)$$

由式（2-20）知，α 仅与 ρ_a 和 ρ_0 有关，故对整个放出过程松动范围内的平均二次松散系数 η 保持为常数。密度方程得出的这一结论，与"松动体范围内平均二次松散系数为常数"的认识一致。

2. 移动范围系数 C 为常数

证明了 η 为常数，实际已证明了 C 为常数。

已知 $Q_s = CQ_f$，故 $C - 1 = \dfrac{Q_s - Q_f}{Q_f} = \dfrac{C(Q_s - Q_f)}{Q_s} = \dfrac{C}{\eta}$，经变换并代入式（2-28）得：

$$C = \frac{\eta}{\eta - 1} = (1 + \alpha)^{1+\frac{1}{\alpha}} \quad (2-29)$$

已知 α 是仅与 ρ_a 和 ρ_0 有关的常数，故松动范围系数 C 为常数。密度方程得出的这一结论与实验结果相符。

3. 放出口处密度为 ρ_0

放出口处 $X = 0$，由式（2-24）可知，代入 $X = 0$，则 $\rho = \rho_0$。

4. 在移动（松动）边界上密度为 ρ_a

移动边界上，即 Q 表面的点在 Q_s 表面上，故 $Q = Q_s$，代入式（2-19）得：

$$\rho = \rho_0 (1 + \alpha)^{\frac{1}{\alpha}} = \rho_a$$

5. 当 $\eta = 1$ 时，$\rho = \rho_0$

已知 $C = \dfrac{\eta}{\eta - 1}$，代入式（2-24'）得：

$$\rho = \rho_0 \left[1 + \frac{\alpha \pi \rho_a K X^{n+1} (\eta - 1)}{(n+1)(m+1)\left(1 - \dfrac{R^2}{KX^n}\right)^m \eta \rho_0 q_0 t} \right]^{\frac{1}{\alpha}} \quad (2-24'')$$

当 $\eta = 1$ 时，无论 X 为何值均有 $\rho = \rho_0$。

可见，理想散体的密度方程式（2-18）是实际散体密度方程的特殊方程。

6. 移动体表面是等密度面

现证明 t 时刻密度为 ρ 的点组成的等密度面是移动体表面。

式（2-24′）经变换得：

$$\left\{\left[\left(\frac{\rho}{\rho_0}\right)^{\alpha}-1\right]\frac{(n+1)(m+1)C\rho_0 q_0 t}{\alpha\pi\rho_a K}\right\}^{\frac{1}{m}}=\frac{X^{\frac{n+1}{m}}}{1-\frac{R^2}{KX^n}}$$

$$R^2=KX^n\left\{1-\frac{X^{\frac{n+1}{m}}}{\left[\left(\frac{\rho^{\alpha}}{\rho_0^{\alpha}}-1\right)\frac{(n+1)(m+1)C\rho_0 q_0 t}{\alpha\pi\rho_a K}\right]^{\frac{1}{m}}}\right\} \qquad (2-30)$$

由式（2-30）知，$R=0$ 的条件是：

$$X=0$$

或

$$X=H_\rho=\left[\frac{(n+1)(m+1)C\rho_0 q_0 t}{\alpha\pi\rho_a K}\left(\frac{\rho^{\alpha}}{\rho_0^{\alpha}}-1\right)\right]^{\frac{1}{n+1}}$$

式中 H_ρ——该等密度表面的高。

式（2-30）变为：

$$R^2=KX^n\left[1-\left(\frac{X}{H_\rho}\right)^{\frac{n+1}{m}}\right] \qquad (2-31)$$

下面计算 H_ρ 值。

已知固定的空间位置 A 处 (R,X) 的密度为 ρ，与固定点 A 相对应的移动体体积为 Q，其高为 H。

由式（2-19）知：

$$\frac{\rho^{\alpha}}{\rho_0^{\alpha}}-1=\alpha\frac{Q}{Q_s} \qquad (2-19')$$

由式（2-15）可知：

$$Q=\frac{\pi K}{(n+1)(m+1)}H^{n+1} \qquad (2-15')$$

由式（2-23）可知：

$$Q_s=C\frac{\rho_0 q_0}{\rho_a}t$$

已知 $H_\rho=\left[\frac{(n+1)(m+1)C\rho_0 q_0 t}{\alpha\pi\rho_a K}\left(\frac{\rho^{\alpha}}{\rho_0^{\alpha}}-1\right)\right]^{\frac{1}{n+1}}$，将式（2-19′）、式（2-15′）、式

（2-23）代入，则有：

$$H_\rho=H$$

故式（2－31）变为：

$$R^2 = KX^n \left[1 - \left(\frac{X}{H} \right)^{\frac{n+1}{m}} \right] \qquad (2-31')$$

式（2－31）变换为式（2－31′），而式（2－31′）与式（2－13）的放出体表面方程完全一致，证明了等密度面与放出体（移动体）表面是同一表面，或者说移动体表面就是等密度面。

式（2－30）、式（2－31）、式（2－31′）均为等密度面方程。

由式（2－30）和 H_ρ 的计算可得到以下结论：

（1）在散体移动场中，同一时刻有若干个密度互不相同的等密度面。

（2）密度相同的两个或多个等密度面只能在不同的时刻和不同的空间位置出现。

（3）同一空间位置（如 A 点处）的等密度面，在不同时刻具有不同的密度值。

（4）同一空间位置（如 A 点处），只对应一个确定的放出体（移动体）高度 H，该点的密度 ρ 随时间 t 不断变化，但无论如何变化，均有 $\left(\dfrac{\rho^\alpha}{\rho_0^\alpha} - 1 \right)t = $ 常数。

检验结果说明，建立的密度方程既符合实际，也符合理论认识和假设。研究表明，该密度方程和速度方程还通过了移动连续性检验，因此可以把该方程看作理论方程。

五、等密度面的体形及过渡关系

1. 理想散体等密度的体形

理想散体 $\eta = 1$，由式（2－24″）知：

$$\rho = \rho_0 \left[1 + \frac{\alpha \pi \rho_a K X^{n+1} (\eta - 1)}{(n+1)(m+1)\left(1 - \dfrac{R^2}{KX^n} \right)^m \eta \rho_0 q_0 t} \right]^{\frac{1}{\alpha}}$$

当 $\eta = 1$ 时，无论 X、R 为何值，均有 $\rho = \rho_0$。

就是说在移动场各处密度都相同，移动场就是一个等密度体。

当 $\eta = 1$ 时，$\dfrac{1}{C} = \dfrac{\eta - 1}{\eta} = 0$，由等密度面方程式（2－30），可得出该等密度体的表面方程为：

$$R^2 = KX^n$$

由此可知，理想散体的等密度体是上部敞开的幂函数（$R^2 = KX^n$）旋转体。

2. 实际散体的等密度面形状

上面证明了移动体表面是等密度面，因此移动体表面形状就是等密度面的形状。所以，等密度面也有两种形状，一般均为类椭球体体形表面；当 $n = 1$，$m = 2$

时，为标准的椭球体体形表面。

3. 等密度面的过渡关系

设等密度面 Q_0（高 $H_{0\rho}$）表面上点 $A_0(R_0, X_0)$ 移动到等密度面 Q_1（高 $H_{1\rho}$）表面 $A_1(R_1, X_1)$ 处，根据等密度表面方程式（2-31）则有：

$$R_0^2 = KX_0^n\left[1 - \left(\frac{X_0}{H_{0\rho}}\right)^{\frac{n+1}{m}}\right] \qquad (2-31')$$

$$R_1^2 = KX_1^n\left[1 - \left(\frac{X_1}{H_{1\rho}}\right)^{\frac{n+1}{m}}\right] \qquad (2-31'')$$

根据移动迹线方程知：$R_1^2 = \dfrac{R_0^2}{X_0^n}X_1^n$。则由式（2-31'）和式（2-31''）得：

$$\frac{X_0}{H_{0\rho}} = \frac{X_1}{H_{1\rho}}$$

即等密度面间的相关关系成立，等密度面存在过渡关系。

第四节　移动过渡方程

一、移动过渡方程建立的基础

类椭球体的移动过渡方程是建立在移动过渡原理和质量守恒定律的基础上的。

1. 移动过渡原理

移动过渡原理是放矿理论最重要的基础。前苏联学者 Γ. M. 马拉霍夫根据实验认为放矿过程中存在放出体过渡和等速体（等速度面）过渡，并根据等速体过渡建立了椭球体放矿理论。前苏联学者 B. B. 库里柯夫根据实验认为放矿过程中只存在放出体过渡，并在放出体过渡的基础上，建立了现行的椭球体放矿理论。研究表明，承认放出体是椭球体，等速度面就不是椭球体表面。因此，我们这里说的移动过渡原理确切地说是放出体移动过渡原理。顺便指出，等速度面过渡是存在的，本书将在研究速度时介绍。

如图 2-2 所示，设 Q_0 空间中的散体颗粒放出放出体 Q_f 后移动到 Q（即 Q_0 中未放出的散体颗粒占据空间位置 Q）。这种移动过渡关系包括以下内容：

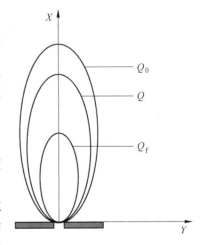

图 2-2　散体移动过渡图

（1）整体过渡，即 Q_0 内所有散体，除放出体 Q_f 内的颗粒已放出外，其余全部散体颗粒都移动到了 Q 内。

（2）移动体表面整体过渡，即 Q_0 表面那些颗粒都移动到了 Q 表面上。

（3）颗粒间相关位置不变的整体过渡，即颗粒间位置不互换，移动按比例（位置坐标比例不变）。

（4）体形不变的整体过渡，即类椭球体的体形不变，决定体形的参数不变。

2. 质量守恒定律

质量守恒定律是建立移动过渡方程的基础，对于散体场应用质量守恒定律的条件是：

（1）散体场为无源场，即散体场中无其他散体源。

（2）散体场底部的放出口是唯一的，散体场中无任何其他放出口。

二、理想散体的移动过渡方程

研究散体放出过程中的质量变化，根据质量守恒定律，可建立散体移动质量平衡方程：

$$\rho_a Q_0 - \rho_a Q_f = \int_0^Q \rho \mathrm{d}Q \qquad (2-32)$$

或

$$\rho_a Q_0 - \rho_a Q_f = \rho_{cQ} Q \qquad (2-32')$$

式中　Q_0——散体放出前的散体体积；

　　　Q_f——散体放出体积；

　　　Q——放出散体 Q_f 时，Q_0 中剩余散体颗粒在散体场中的散体体积；

　　　ρ——散体移动范围内的密度；

　　　ρ_a——散体放出前的初始密度；

　　　ρ_{cQ}——放出体 Q_f 放出时，Q 中散体的平均密度。

式（2-32）和式（2-32'）对于理想散体和实际散体均适用。

对于理想散体，平均二次松散系数 $\eta = 1$，散体密度场为均匀场和定常场，即放出前、放出过程中、放出后，散体场中各处密度均相等且不随时间变化。同时，由于无二次松散现象，因此当散体放出开始时，散体场中移动范围内的所有散体颗粒都同时开始移动，无移动滞后现象，故有：

$$\rho = \rho_{cQ} = \rho_a$$

代入式（2-32'），整理变换得：

$$Q_0 - Q_f = Q \qquad (2-33)$$

式（2-33）即为类椭球体放矿理论理想散体的移动过渡方程。

三、实际散体质量平衡状态分析

对于实际散体，平均二次松散系数 $\eta > 1$，散体密度场在放出前为均匀场和定常场，在放出开始后的放出过程中，由于二次松散使移动范围内各处的密度随坐标位置及时间而变化，移动范围内的密度场为非均匀场和不定常场，但移动范围之外，密度场仍保持不变，为均匀场和定常场。

根据 Q_0 表面颗粒的状态划分出实际散体不同的质量平衡状态。

1. Q_0 表面颗粒静止不动（静止状态）

当放出体 $Q_f < Q_0/C$ 时，$Q_s < Q_0$，其质量平衡方程为：

$$\rho_a Q_0 - \rho_a Q_f = \rho_a(Q_0 - Q_s) + \rho_c Q_s \qquad (2-34)$$

整理得

$$\rho_a Q_s - \rho_a Q_f = \rho_c Q_s \qquad (2-34')$$

式中　Q_s——对应于放出体 Q_s 的松动体体积；

　　　C——松动范围系数，$C = Q_s/Q_f$；

　　　ρ_c——松动体 Q_s 内的平均密度，$\rho_c = \rho_a/\eta$。

式（2-34'）为 $Q_f < Q_0/C$ 时的质量平衡方程。

由式（2-34'）可知，此时 Q_0 表面颗粒静止不动，Q_0 与 Q、Q_f 不存在函数关系。

2. Q_0 表面颗粒即将投入运动（临界状态）

当放出体 $Q_{f0} = Q_0/C$ 时，$Q_0 = Q_s = Q$，Q_0 表面颗粒正处于松动体边界上，虽然静止不动，但即将投入运动，处于临界状态，此时质量平衡方程为：

$$\rho_a Q_0 - \rho_a Q_{f0} = \rho_c Q_s \qquad (2-35)$$

或

$$\rho_a Q_0 - \rho_a Q_{f0} = \rho_c Q_0 \qquad (2-35')$$

当 $Q = Q_s = Q_0$ 时，有 $\rho_{cQ} = \rho_c$，故由式（2-32'）得：

$$\rho_a Q_0 - \rho_a Q_{f0} = \rho_c Q \qquad (2-35'')$$

式（2-35）、式（2-35'）、式（2-35''）为 Q_0 表面颗粒处于临界状态（静止但即将投入运动）的质量平衡方程。

3. Q_0 表面颗粒投入运动（移动状态）

当放出体 $Q_f > Q_0/C$ 时，$Q_s > Q_0$，因此 Q_0 表面颗粒在移动范围内向下移动。此时的质量平衡方程为式（2-32）或式（2-32'）。将式（2-35'）代入式（2-32）或式（2-32'）得：

$$\rho_c Q_0 - \rho_a(Q_f - Q_{f0}) = \int_0^Q \rho \, dQ \qquad (2-36)$$

或

$$\rho_c Q_0 - \rho_a(Q_f - Q_{f0}) = \rho_{cQ} Q \qquad (2-36')$$

式（2-36）和式（2-36'）也为 Q_0 表面颗粒投入运动（移动状态）后的质量平衡方程，式（2-36）实际是式（2-32）的另一种表达形式。由式（2-36）和式（2-36'）可知，只有 $Q_f \geqslant Q_0$，即 $Q_f \geqslant Q_0/C$ 时，Q_0 和 Q_f 的函数关系才存在，故 Q_f 的取值范围为 $Q_0/C \leqslant Q_f \leqslant Q_0$。

四、实际散体的移动过渡方程

1. 密度方程

经实验观察和研究，建立了类椭球体理论散体放出过程中移动范围内的密度方程式（2-19）为：

$$\rho = \rho_0 \left(1 + \alpha \frac{Q}{Q_s} \right)^{\frac{1}{\alpha}}$$

式中　ρ_0——放出密度；

　　　α——密度变化常数，它是与静止密度（初始密度 ρ_a）和放出密度 ρ_0 有关的常数；

　　　ρ——移动范围内任意点的密度。

式（2-19）经检验符合实际，且与速度方程一同通过了移动连续性的理论检验，可以认为是类椭球体理论的理论方程。

2. ρ_{cQ} 的计算

根据类椭球体放矿理论的密度方程，计算移动体 Q 内的平均密度 ρ_{cQ}：

$$\rho_{cQ} = \frac{1}{Q} \int_0^Q \rho \, \mathrm{d}Q$$

$$= \frac{1}{Q} \int_0^Q \rho_0 \left(1 + \alpha \frac{Q}{Q_s} \right)^{\frac{1}{\alpha}} \mathrm{d}Q$$

$$= \frac{\rho_0 Q_s}{\alpha Q} \int_0^Q \left(1 + \alpha \frac{Q}{Q_s} \right)^{\frac{1}{\alpha}} \mathrm{d}\left(1 + \alpha \frac{Q}{Q_s} \right)$$

$$= \frac{\rho_0 Q_s}{(1+\alpha)Q} \left(1 + \alpha \frac{Q}{Q_s} \right)^{\frac{1+\alpha}{\alpha}} \bigg|_0^Q$$

$$\rho_{cQ} = \frac{\rho_0 Q_s}{(1+\alpha)Q} \left[\left(1 + \alpha \frac{Q}{Q_s} \right)^{\frac{1+\alpha}{\alpha}} - 1 \right] \tag{2-37}$$

$$\rho_{cQ} = \frac{\rho_0 C Q_f}{(1+\alpha)Q} \left[\left(1 + \alpha \frac{Q}{C Q_f} \right)^{\frac{1+\alpha}{\alpha}} - 1 \right] \tag{2-37'}$$

式（2-37）和式（2-37'）即为 ρ_{cQ} 的计算式。

应当指出：ρ_{cQ} 与 ρ_c 有严格的区别。ρ_{cQ} 是移动体 Q 范围内的平均密度，ρ_c 是松动体 Q_s 范围内的平均密度。

3. 类椭球体放矿理论实际散体的移动过渡方程

（1）实际散体的质量平衡方程。将式（2-37'）代入式（2-32'）和式（2-36'）得：

$$\rho_a Q_0 - \rho_a Q_f = \frac{\rho_0 C Q_f}{1+\alpha}\left[\left(1+\alpha\frac{Q}{CQ_f}\right)^{\frac{1+\alpha}{\alpha}} - 1\right] \qquad (2-38)$$

$$\rho_{c\varphi} Q_0 - \rho_a (Q_f - Q_{f0}) = \frac{\rho_0 C Q_f}{1+\alpha}\left[\left(1+\alpha\frac{Q}{CQ_f}\right)^{\frac{1+\alpha}{\alpha}} - 1\right] \qquad (2-38')$$

根据密度方程知：$C = (1+\alpha)^{\frac{1+\alpha}{\alpha}}$，$\rho_a = (1+\alpha)^{\frac{1}{\alpha}}\rho_0$。变换整理式（2-38），得：

$$\frac{\rho_a Q_0}{\rho_a Q_f} = \left(1+\alpha\frac{Q}{CQ_f}\right)^{\frac{1+\alpha}{\alpha}} \qquad (2-39)$$

或

$$\rho_a Q_0 = \rho_a Q_f \left(1+\alpha\frac{Q}{CQ_f}\right)^{\frac{1+\alpha}{\alpha}} \qquad (2-39')$$

式（2-39）和式（2-39'）为类椭球体放矿理论实际散体的质量平衡方程。

（2）实际散体的移动过渡方程。对式（2-39）和式（2-39'）整理变换得：

$$\frac{Q_0}{Q_f} = \left(1+\alpha\frac{Q}{CQ_f}\right)^{\frac{1+\alpha}{\alpha}} \qquad (2-40)$$

$$Q_0 = Q_f \left(1+\alpha\frac{Q}{CQ_f}\right)^{\frac{1+\alpha}{\alpha}} \qquad (2-40')$$

式（2-40）和式（2-40'）为类椭球体放矿理论实际散体的移动过渡方程。式（2-40）和式（2-40'）经变换整理后可表达为：

$$\frac{Q}{Q_f} = \frac{C}{\alpha}\left[\left(\frac{Q_0}{Q_f}\right)^{\frac{\alpha}{1+\alpha}} - 1\right] \qquad (2-41)$$

$$Q = \frac{C}{\alpha}\left[\left(\frac{Q_0}{Q_f}\right)^{\frac{\alpha}{1+\alpha}} - 1\right]Q_f \qquad (2-41')$$

式（2-41）和式（2-41'）亦为实际散体的移动过渡方程。

（3）实际散体移动过渡方程的讨论。

1）当放出体 $Q_f < Q_0/C$ 时，$Q_s < Q_0$，此时 Q_0 表面颗粒静止不动，由式（2-34）和式（2-34'）知，Q 和 Q_0、Q_f 不存在函数关系，因此移动过渡方程式（2-40）、式（2-40'）、式（2-41）、式（2-41'）不反映 $Q_f < Q_0/C$ 时的状态，故移动过渡方程中 Q_f 的取值范围是 $Q_0/C \leqslant Q_f \leqslant Q_0$。

2）当 $Q_f = Q_0$ 时，由式（2-41'）知，$Q = 0$，即 Q_0 表面颗粒全部放出，Q 变为零。

3）$Q_f = Q_0/C$ 时，由式（2-41'）知，$Q = CQ_f = Q_0$，即 Q_0 表面颗粒即将投入运动，处于临界状态。

4）当 $\eta = 1$ 时，根据 $\eta = \dfrac{(1+\alpha)^{1+\frac{1}{\alpha}}}{(1+\alpha)^{1+\frac{1}{\alpha}} - 1}$ 知，$\alpha \to \infty$，此时 $1 + \alpha \approx \alpha$，$C = (1+\alpha)^{1+\frac{1}{\alpha}} \approx \alpha$，代入式（2-41'）得

$$Q = Q_0 - Q_f \qquad (2-42)$$

式（2-42）与式（2-32）完全相同，为类椭球体放矿理论理想散体的移动过渡方程。因此，理想散体的移动过渡方程是实际散体移动过渡方程 $\eta = 1$ 时的特殊方程。

五、相关关系方程

椭球体放矿理论把相关关系原理（方程）作为重要基础。

类椭球体放矿理论认为相关关系方程仅是移动过渡原理的一种表现，而且通过移动迹线方程很容易推导出相关关系方程。

已知类椭球体放矿理论放出体表面方程为 $R^2 = KX^n\left[1 - \left(\dfrac{X}{H}\right)^{\frac{n+1}{m}}\right]$，移动迹线方程为 $\dfrac{R^2}{X^n} = \dfrac{R_0^2}{X_0^n}$。根据移动过渡原理，$Q_0$ 表面的 $A_0(R_0, X_0)$ 必须移动到 Q 表面的 $A_1(R_1, X_1)$ 处，A_0、A_1 应有：

$$R_0^2 = KX_0^n\left[1 - \left(\frac{X_0}{H_0}\right)^{\frac{n+1}{m}}\right] \qquad (2-43)$$

$$R^2 = KX_1^n\left[1 - \left(\frac{X_1}{H_1}\right)^{\frac{n+1}{m}}\right] \qquad (2-43')$$

由 A_0 移动到 A_1 的运动迹线方程知：

$$\frac{R_0^2}{X_0^n} = \frac{R_1^2}{X_1^n} \qquad (2-44)$$

变换放出体表面方程式（2-43）和式（2-43'）后，得：

$$\frac{R_0^2}{KX_0^n} = 1 - \left(\frac{X_0}{H_0}\right)^{\frac{n+1}{m}} \qquad (2-45)$$

$$\frac{R_1^2}{KX_1^n} = 1 - \left(\frac{X_1}{H_1}\right)^{\frac{n+1}{m}} \qquad (2-45')$$

式（2-44）、式（2-45）、式（2-45'）经变换整理后得：

$$\frac{X_0}{H_0} = \frac{X_1}{H_1} \qquad (2-46)$$

研究该颗粒点更多位置则得：

$$\frac{X_0}{H_0} = \frac{X_1}{H_1} = \frac{X_2}{H_2} = \cdots \qquad (2-47)$$

式（2-46）和式（2-47）即为相关关系方程。

同理，当满足相关关系方程，则 Q_0 与 Q 的表面过渡关系成立。证明如下。

Q_0 表面的 $A(R_0, X_0)$ 应满足表面方程：

$$R_0^2 = KX_0^n\left[1 - \left(\frac{X_0}{H_0}\right)^{\frac{n+1}{m}}\right] \qquad (2-43)$$

根据移动迹线方程：

$$\frac{R_0^2}{X_0^n} = \frac{R_1^2}{X_1^n} \qquad (2-44)$$

和相关关系方程：

$$\frac{X_0}{H_0} = \frac{X_1}{H_1} \qquad (2-46)$$

则式（2-43）变换为式（2-43′）：

$$R_1^2 = KX_1^n\left[1 - \left(\frac{X_1}{H_1}\right)^{\frac{n+1}{m}}\right] \qquad (2-43′)$$

即当满足相关关系方程时，Q_0 表面的颗粒 $A(R_0, X_0)$ 必然移动到 Q 表面的 $A_1(R_1, X_1)$ 处。故 Q_0 与 Q 间的表面过渡关系成立。

由以上分析可知：

（1）移动过渡原理和质量守恒定律是类椭球体放矿理论移动过渡方程建立的基础。

（2）散体移动过渡方程中的质量平衡方程是 $\rho_a Q_0 - \rho_a Q_f = \int_0^Q \rho \mathrm{d}Q$。

（3）实际散体移动过渡方程中，Q_0 表面颗粒有静止状态、极限状态和移动状态三种质量平衡关系。

（4）类椭球体放矿理论实际散体的移动过渡方程是 $Q = \frac{C}{\alpha}\left[\left(\frac{Q_0}{Q_f}\right)^{\frac{\alpha}{1+\alpha}} - 1\right]Q_f$。

（5）类椭球体放矿理论理想散体的移动过渡方程是 $Q = Q_0 - Q_f$，它是实际散体移动过渡方程当 $\eta = 1$ 时的特殊方程。

（6）相关关系方程为 $\frac{X_0}{H_0} = \frac{X_1}{H_1} = \frac{X_2}{H_2} = \cdots$。相关关系方程与移动过渡方程从不同层面表达了移动过渡原理，移动过渡方程表达了整体过渡，相关关系方程则表达了表面颗粒点间保持相关位置比例不变过渡。

（7）当满足相关关系方程时，移动体表面过渡关系成立。

（8）散体移动过程的质量平衡方程和移动过渡方程都是散体移动遵守质量守恒定律的基本方程。质量平衡方程是质量表达式，移动过渡方程是体积表达式。

第三章 类椭球体放矿理论的理想方程和实际方程

第一节 速度方程

一、理想散体的速度方程

实验研究表明，放出体是一个旋转的类椭球体，颗粒只有下向移动和水平径向移动。因此，只建立垂直下移速度方程、径向水平移动速度方程和颗粒移动速度方程（全速度）。

1. 垂直下移速度方程

设放出体 Q_f 被放出时，Q_0 表面上的颗粒点 $A(X_0, Y_0, Z_0)$ 移动到 Q 表面上 $A'(X、Y、Z)$ 处。根据理想散体的移动过渡方程和放出量关系有：

$$Q_f = Q_0 - Q \qquad (1-17)$$

由式（1-9）、式（1-9'）可得：

$$Q_f = q_0 t$$

由式（2-16）知：

$$Q = \frac{\pi K X^{n+1}}{(n+1)(m+1)\left(1 - \dfrac{Y^2 + Z^2}{KX^n}\right)^m} \qquad (2-16'')$$

将式（1-9'）和式（2-16''）代入式（1-17'）得：

$$q_0 t = \frac{\pi K X_0^{n+1}}{(n+1)(m+1)\left(1 - \dfrac{Y_0^2 + Z_0^2}{KX_0^n}\right)^m} - \frac{\pi K X^{n+1}}{(n+1)(m+1)\left(1 - \dfrac{Y^2 + Z^2}{KX^n}\right)^m}$$

散体颗粒点移动过程中有 $Y^2 + Z^2 = \dfrac{Y_0^2 + Z_0^2}{X_0^n} X^n$，故：

$$q_0 t = \frac{\pi K X_0^{n+1}}{(n+1)(m+1)\left(1 - \dfrac{Y_0^2 + Z_0^2}{KX_0^n}\right)^m} - \frac{\pi K X^{n+1}}{(n+1)(m+1)\left(1 - \dfrac{Y_0^2 + Z_0^2}{KX_0^n}\right)^m}$$

对上式两端微分得：

$$q_0 \mathrm{d}t = - \frac{\pi K X^n}{(m+1)\left(1 - \dfrac{Y_0^2 + Z_0^2}{KX_0^n}\right)^m} \mathrm{d}X$$

变换整理后得:

$$V_X = -\frac{(m+1)q_0\left(1-\dfrac{Y^2+Z^2}{KX^n}\right)^m}{\pi KX^n} \tag{3-1}$$

或

$$V_X = -\frac{(m+1)q_0\left(1-\dfrac{R^2}{KX^n}\right)^m}{\pi KX^n} \tag{3-1'}$$

式中　V_X——垂直下移速度，$V_X = \dfrac{\mathrm{d}X}{\mathrm{d}t}$；

　　　　R——径向坐标值，$R^2 = Y^2 + Z^2$；

　　　　m——速度分布指数，是与放出条件和物料性质有关的实验常数。

式（3-1）和式（3-1'）均为垂直下移速度方程。

负号表明当 $\mathrm{d}t$ 为正值时，$\mathrm{d}x$ 为负值，即速度方向指向原点。

Y 和 Z 的取值范围应满足 $0 \leqslant Y^2 + Z^2 \leqslant KX^n$。

当 $Y^2 + Z^2 > KX^n$ 时，式（3-1）失去意义，因为该点在移动带外，始终处于静止状态，即 $V_x = 0$。

由式（3-1）可知垂直下移速度与散体性质及放出条件有关，且是空间坐标的函数，但与时间无关。因此该速度场是一个非均匀场和定常场。

2. 径向水平移动速度方程

实验证明，颗粒仅有径向运动，而无切向运动，故只研究径向水平移动速度。已知径向值 R 可按下式计算：

$$R^2 = Y^2 + Z^2$$

已知移动迹线方程为 $R^2 = \dfrac{R_0^2}{X_0^n}X^n$，两端微分并变换整理得：

$$\mathrm{d}R = \frac{nR}{2X}\mathrm{d}X$$

两端除以 $\mathrm{d}t$ 得：

$$V_R = \frac{nR}{2X}V_X$$

故径向水平移动速度 V_R 为：

$$V_R = -\frac{n(m+1)q_0R\left(1-\dfrac{R^2}{KX^n}\right)^m}{2\pi KX^{n+1}} \tag{3-2}$$

或

$$V_R = -\frac{n(m+1)q_0\sqrt{Y^2+Z^2}\left(1-\dfrac{Y^2+Z^2}{KX^n}\right)^m}{2\pi KX^{n+1}} \tag{3-2'}$$

式（3-2）和式（3-2′）均为径向水平移动速度方程。

V_R 与 V_X 有同样的负号含义、取值范围和速度场特征。

3. 颗粒移动速度方程

颗粒移动速度可由分速度合成，故有：

$$V = \sqrt{V_X^2 + V_R^2} = -\frac{(m+1)q_0 \sqrt{X^2 + \dfrac{n^2}{4}(Y^2 + Z^2)}}{\pi K X^{n+1}} \left(1 - \frac{Y^2 + Z^2}{KX^n}\right)^m \quad (3-3)$$

或

$$V = \sqrt{V_X^2 + V_R^2} = -\frac{(m+1)q_0 \sqrt{X^2 + \dfrac{n^2}{4}R^2}}{\pi K X^{n+1}} \left(1 - \frac{R^2}{KX^n}\right)^m \quad (3-3')$$

式（3-3）、式（3-3′）为颗粒移动全速度方程。

同理，V 与 V_X 有相同的取值范围和速度场特征。

二、实际散体的速度方程

1. 垂直下移速度方程

为研究方便，和建立理想散体的速度方程一样，同样以散体移动场为研究对象。对于理想散体，移动场中垂直下移速度为式（3-1）：

$$V_X = -\frac{(m+1)\,q_0 \left(1 - \dfrac{Y^2 + Z^2}{KX^n}\right)^m}{\pi K X^n}$$

式中　V_X——理想散体的垂直下移速度；

X，Y，Z——移动场空间中某点的坐标值；

K，n，m——实验常数，与放出条件和物料性质有关。K 称为移动边界系数，n 称为移动迹线指数，m 称为速度分布指数。

对于实际散体则有：

$$V_X' = \beta V_X \quad (3-4)$$

式中　V_X'——实际散体的垂直下移速度；

　　　β——速度阻滞系数，它是由于移动过程中密度逐渐变小而引起的速度减小。

经分析研究，β 可由式（3-4′）求算：

$$\beta = 1 - \frac{Q}{Q_s} = 1 - \frac{\pi \rho_a K X^{n+1}}{(n+1)(m+1)\left(1 - \dfrac{Y^2 + Z^2}{KX^n}\right)^m C \rho_0 q_0 t} \quad (3-4')$$

式中符号意义同前。

Q、Q_s 的变换见式（2-16）、式（2-23）。

根据式（3-1）和式（3-4'）则得：

$$V'_X = -\frac{(m+1)q_0\left(1-\frac{Y^2+Z^2}{KX^n}\right)^m}{\pi KX^n}\left[1-\frac{\pi\rho_a KX^{n+1}}{(n+1)(m+1)\left(1-\frac{Y^2+Z^2}{KX^n}\right)^m C\rho_0 q_0 t}\right]$$

$$(3-5)$$

$$V'_X = -\frac{(m+1)q_0\left(1-\frac{Y^2+Z^2}{KX^n}\right)^m}{\pi KX^n}+\frac{\rho_a X}{(n+1)C\rho_0 t} \qquad (3-6)$$

$$V'_X = -\frac{(m+1)q_0\left(1-\frac{R^2}{KX^n}\right)^m}{\pi KX^n}+\frac{\rho_a X}{(n+1)C\rho_0 t}$$

$$(3-6')$$

式（3-5）、式（3-6）和式（3-6'）为实际散体的垂直下移速度方程。

由式（3-6）知，实际散体的垂直下移速度与散体性质和放出条件有关，且是空间坐标和时间的函数，即实际散体的垂直下移速度场是一个非均匀场和不定常场。

由式（3-5）知 $V'_X = 0$ 的条件是：

$$Y^2 + Z^2 = KX^n(R^2 = KX^n)$$

或

$$R^2 = KX^n\left\{1-\left[\frac{\pi\rho_a KX^{n+1}}{(n+1)(m+1)C\rho_0 q_0 t}\right]^{\frac{1}{m}}\right\}$$

分析表明，$R^2 = KX^n$ 是 $V_X = 0$ 的条件，上式是 $V'_X = 0$ 的条件（包含了 $V_X = 0$ 的条件）。

故 R 的取值范围应满足：$0 \leq R^2 \leq KX^n\left\{1-\left[\frac{\pi\rho_a KX^{n+1}}{(n+1)(m+1)C\rho_0 q_0 t}\right]^{\frac{1}{m}}\right\}$。

已知 $C = \frac{\eta}{\eta-1}$，代入式（3-6'）得：

$$V'_X = -\frac{(m+1)q_0}{\pi KX^n}\left(1-\frac{R^2}{KX^n}\right)^m+\frac{(\eta-1)\rho_a X}{(n+1)\eta\rho_0 t} \qquad (3-6'')$$

式（3-6''）也为实际散体的垂直下移速度方程。

由式（3-6''）知，$\eta = 1$ 时，式（3-6''）变为：

$$V'_X = -\frac{(m+1)q_0}{\pi KX^n}\left(1-\frac{R^2}{KX^n}\right)^m = V_X$$

即当 $\eta = 1$ 时实际散体的垂直下移速度方程变为理想散体的垂直下移速度方程，也即理想散体的垂直下移速度方程是实际散体的特殊方程。

2. 径向水平移动速度方程

实验证明，颗粒仅有径向移动而无切向移动，故只研究径向水平移动速度。

已知径向值 $R = \sqrt{Y^2 + Z^2}$，代入移动迹线方程得 $R^2 = \dfrac{R_0^2}{X_0^n}X^n$，两端微分变换后

除以 $\mathrm{d}t$ 得 $V_R' = \dfrac{nR}{2X}V_X'$，故：

$$V_R' = -\frac{n(m+1)q_0R\left(1 - \dfrac{R^2}{KX^n}\right)^m}{2\pi KX^{n+1}}\left[1 - \frac{\pi\rho_\mathrm{a}KX^{n+1}}{(n+1)(m+1)\left(1 - \dfrac{R^2}{KX^n}\right)^m C\rho_0 q_0 t}\right]$$

$$(3-7)$$

或

$$V_R' = -\frac{n(m+1)q_0R\left(1 - \dfrac{R^2}{KX^n}\right)^m}{2\pi KX^{n+1}} + \frac{n\rho_\mathrm{a}R}{2(n+1)C\rho_0 t} \qquad (3-7')$$

式（3-7）和式（3-7'）均为实际散体径向水平移动速度方程。V_R' 与 V_X' 一样，有相同的取值范围和速度场特征。

同理，当 $\eta \rightarrow 1$ 时，$C \rightarrow \infty$，则式（3-7）或式（3-7'）变为理想散体的水平移动径向速度方程。即理想散体的水平移动径向速度方程是实际散体水平移动径向速度方程的特殊方程。

3. 全速度方程

式（3-8）为实际散体全速度方程。V' 与 V_X' 一样，有相同的取值范围和速度场特征。

$$V' = \sqrt{V_X'^2 + V_R'^2} = -\frac{(m+1)q_0\sqrt{X^2 + \dfrac{n^2}{4}(Y^2 + Z^2)}}{\pi KX^{n+1}}\left(1 - \frac{Y^2 + Z^2}{KX^n}\right)^m$$

$$\left[1 - \frac{\pi\rho_\mathrm{a}KX^{n+1}}{(n+1)(m+1)\left(1 - \dfrac{Y^2 + Z^2}{KX^n}\right)^m C\rho_0 q_0 t}\right]$$

$$(3-8)$$

同理，当 $\eta = 1$ 时，式（3-8）变为式（3-3）。即理想散体的全速度方程是实际散体全速度方程的特殊方程。

三、散体移动边界

散体的移动边界是由全速度为零的点组成的边界面，在该移动边界面内的散体移动，在该移动边界面外的散体静止不动。应当指出，垂直下移速度为零时，

水平径向移动速度也为零，故全速度也为零。因此，研究垂直下移速度比较简单。

1. 理想散体的移动边界方程

理想散体的全速度方程为：

$$V = - \frac{(m+1)q_0 \sqrt{X^2 + \frac{n^2}{4}R^2}}{\pi K X^{n+1}} \left(1 - \frac{R^2}{KX^n}\right)^m$$

当 $V = 0$ 时，有 $1 - \frac{R^2}{KX^n} = 0$，故：

$$R^2 = KX^n \qquad (3-9)$$

式（3-9）为理想散体的移动边界方程。式中 K 称为移动边界系数，是一个与放出条件和物料性质有关的实验常数。

由式（3-9）知，移动边界是固定不变的，与时间无关。即理想散体有一个固定不变的移动边界，散体开始放出瞬间，边界内所有点立即投入运动，移动边界外的物料始终处于静止状态。

由式（3-9）还知，对于理想散体（$\eta = 1$），移动边界是一个上部敞开、四周封闭的幂函数曲线旋转面。

XOY 坐标面上的移动边界母线方程为

$$Y^2 = KX^n \qquad (3-10)$$

比较式（3-10）与式（2-1）可知，移动边界母线方程是移动迹线方程的一个特殊方程。

以上结论与散体力学的论点相符。

2. 实际散体的移动边界方程

实际散体的全速度方程为：

$$V' = - \frac{(m+1)q_0 \sqrt{X^2 + \frac{n^2}{4}R^2}}{\pi K X^{n+1}} \left(1 - \frac{R^2}{KX^n}\right)^m \left[1 - \frac{\pi \rho_a K X^{n+1}}{(n+1)(m+1)\left(1 - \frac{R^2}{KX^n}\right)^m C\rho_0 q_0 t}\right]$$

实际散体的移动边界方程应满足：

$$\left(1 - \frac{R^2}{KX^n}\right)^m \left[1 - \frac{\pi \rho_a K X^{n+1}}{(n+1)(m+1)\left(1 - \frac{R^2}{KX^n}\right)^m C\rho_0 q_0 t}\right] = 0$$

当 $V' = 0$ 时，只有两种情况：

$$1 - \frac{R^2}{KX^n} = 0 \qquad (3-11)$$

或

$$1 - \frac{\pi\rho_{\mathrm{a}}KX^{n+1}}{(n+1)(m+1)\left(1-\dfrac{R^2}{KX^n}\right)^m C\rho_0 q_0 t} = 0 \tag{3-12}$$

实际散体速度与放出时间 t 有关，因此仅对式（3-12）进一步分析。

由式（3-12）得

$$R_{\mathrm{s}}^2 = \left\{ 1 - \left[\frac{\pi\rho_{\mathrm{a}}KX^{n+1}}{(n+1)(m+1)C\rho_0 q_0 t} \right]^{\frac{1}{m}} \right\} KX^n \tag{3-13}$$

或

$$Y_{\mathrm{s}}^2 + Z_{\mathrm{s}}^2 = \left\{ 1 - \left[\frac{\pi\rho_{\mathrm{a}}(\eta-1)KX^{n+1}}{(n+1)(m+1)\eta\rho_0 q_0 t} \right]^{\frac{1}{m}} \right\} KX^n \tag{3-13'}$$

式（3-13）和式（3-13'）均为实际散体的移动边界方程。

由移动边界方程知，实际散体的移动边界方程与散体性质和放出条件有关，且是时间的函数。就是说实际散体的移动边界是变动的、不断向外扩展的。每个时刻都有一个确定的移动边界相对应。实际散体移动边界为一类椭球体表面。

已知 $Q_{\mathrm{s}} = CQ_{\mathrm{f}} = C\dfrac{\rho_0 q_0}{\rho_{\mathrm{a}}}t$，$Q_{\mathrm{s}} = \dfrac{\pi K}{(n+1)(m+1)}H_{\mathrm{s}}^{n+1}$，代入式（3-13）整理得：

$$R_{\mathrm{s}} = \left[1 - \left(\frac{X}{H_{\mathrm{s}}}\right)^{\frac{n+1}{m}} \right] KX^n \tag{3-13''}$$

式（3-13''）为松动体表面方程。可见，实际散体的松动体表面就是 $V' = 0$ 的瞬时移动边界。

在松动体表面（边界面）上速度为零是符合实际的，速度方程给出的移动边界面是松动体表面是正确的。

当散体无限制地放出时，即 $t \to \infty$ 时，由式（3-13）知，松动体将无限的增大。此时散体边界无限趋近极限移动边界，即：

$$R^2 = KX^n \tag{3-14}$$

式（3-14）是散体的极限移动边界方程，即实际散体无论放出多少，其移动范围都在该移动边界内。由式（3-9）和式（3-14）可以看出，实际散体的极限移动边界就是理性散体的固定移动边界。

由式（3-13'）还可以看出，当 $\eta = 1$ 时，有 $R^2 = KX^n$，即实际散体的移动边界方程变为理想散体的移动边界方程，可见理想散体的移动边界方程为实际散体移动边界方程的特殊方程。

四、移动范围分析

散体中以移动边界划分为移动带（移动范围）和静止带。在移动范围内散体颗粒投入运动，在移动范围外散体静止不动。

1. 理想散体的移动范围

理想散体定义为平均二次松散系数 $\eta = 1$ 的散体，是无二次松散的散体，或者说是移动范围内各处的密度都相同，密度在整个移动过程中都不发生变化的散体。因此对于理想散体，在开始放出的时刻，散体中移动范围内的所有颗粒也开始以颗粒所在空间位置的驻定速度投入运动。

实验研究表明，由于散体流动的双重性，散体放出时，散体场中不是所有的颗粒都投入运动，而只是部分颗粒投入运动。而且对于理想散体这个移动范围是不变的，存在着一个永久不变的固定的移动边界。理想散体的速度方程给出了这个固定的移动边界，即 $V = 0$ 的那些点组成的移动边界。

当 $V = 0$ 时，根据全速度方程可得出理想散体的移动边界方程 $Y^2 + Z^2 = KX^n$ 或 $R^2 = KX^n$（见式（3－9）或式（3－10））。

可见理想散体的移动范围是一个不变化的、上部开放、有固定移动边界的幂函数旋转体。

2. 实际散体的移动范围

实际散体定义为 $\eta > 1$ 的散体，是存在二次松散现象的散体，或者说，即使散体未移动前各处密度相同，移动后移动范围内各处的密度也不同，且在移动过程中不断变化。

对于实际散体，经实验研究得到以下认识：

（1）放出前期（散体高度大于松动体高度），松动范围在散体中是封闭的，在散体中形成的这个范围称为松动体，松动体表面方程为式（3－13）式（3－13′），实验表明这个松动体也是一个旋转对称的类椭球体。该类椭球体形状与放出体（移动体）形状完全一致。

（2）散体中的松动不是连续的，具有脉冲的性质。但总体上看，离放出口越近松动程度越大，放出口附近接近极限松散程度，且密度可视作放出密度；离松散体边界越近松动程度越小，在松动体边界上未发生松散（动），其密度为初始密度。因此认为是连续变化，是符合理论假设并符合基本实际的。

（3）松动体（松动范围）随放出量的增大而不断增大，即松动范围是不断变化的，但每一时刻都有一个确定的松动范围（松动体）相对应。式（3－13）表达了这种关系。

（4）放出过程中，移动范围外的颗粒不移动，仅移动范围内的颗粒运动，而且各颗粒点投入运动的时间先后不同，离放出口越近投入运动越早，离松动边界越近投入运动越晚，松动范围边界上的颗粒处于未动但即将投入运动的临界状态。

（5）放出中后期松动体高度大于散体高度，松动体伸出散体，在散体中形成一个上部敞开的、不封闭的移动范围。随着放出量增大，这个范围向四周逐渐扩大，最终至无法自然放出散体，在散体中形成一个最终的移动边界。研究表明这个边界与理想散体的移动边界是吻合的。理想散体的移动边界是实际散体的极限移动边界，如式（3-14）所示。

（6）试验研究表明，实际散体放出的放出体形状仍然是类椭球体，在放出过程中 n、K、m 保持不变。实际散体放出时，散体中出现一个不断扩大的松动范围，称为松动体。每一时刻都有一个确定的松动体与之对应。松动体形状与同高的放出体形状相同，即某时刻的松动体，在该时刻后则为移动体，最后转化为放出体。同一时刻相对应的松动体体积与放出体体积之比是一个常数，表达为：

$$Q_s = CQ_f \tag{3-15}$$

式中　Q_s——t 秒时刻对应的松动体体积；

　　　Q_f——t 秒末放出的放出体体积；

　　　C——松动范围系数，取决于静止密度和放出密度。

$$Q_f = qt_f \tag{3-16}$$

式中　t_f——放出时间；

　　　q——单位时间放出的放出体体积。

$$q = \frac{\rho_0 q_0}{\rho_a} \tag{3-17}$$

式中　ρ_a——静止密度（原始密度）；

　　　ρ_0——放出密度；

　　　q_0——单位时间放出体积。

（7）实际散体移动范围外（静止带）各处密度都相同，为初始密度。移动范围内，由于松动密度发生变化，各处密度不同，但试验研究表明，移动体表面为等密度面。移动密度是逐渐变化的，从静止密度逐渐减小至放出密度。常用二次松散系数来表示密度的变化，试验证明，在散体放出过程中，整个松动范围内的平均二次松散系数 η 是一个常数。

$$\eta = \frac{Q_s}{Q_s - Q_f} = \frac{c}{c-1} \tag{3-18}$$

最后应指出，理想散体的移动范围与实际散体的移动范围有较大的区别：

理想散体的移动范围内无二次松散现象，即移动范围内无松动；而实际散体的移动范围内有二次松动现象，即移动范围内有松动。

理想散体的移动范围是上部敞开的幂函数旋转体，移动范围在放出开始时就立即形成，在放出过程中移动范围是固定不变的。而实际散体的移动范围是封闭的类椭球体（散体高度足够大），在放出过程中移动范围是变化的，是不断、逐渐向外扩大的。

五、松动体表面方程

松动体表面是全速度为零的颗粒点组成的表面，也是瞬时移动边界表面。由于速度方程的建立都是源于 V_X'，且 $V_X' = 0$，则 $V_R' = 0$，$V' = 0$。为研究方便，我们讨论 $V_X' = 0$ 的条件就足够了。

根据垂直下移速度方程式（3 – 5）知：

$$V_X' = -\frac{(m+1)q_0}{\pi KX^n}\left(1 - \frac{R^2}{KX^n}\right)^m\left[1 - \frac{\pi\rho_a KX^{n+1}}{(n+1)(m+1)\left(1 - \frac{R^2}{KX^n}\right)^m C\rho_0 q_0 t}\right]$$

$V_X' = 0$ 的条件是：

$$1 - \frac{R^2}{KX^n} = 0$$

或

$$1 - \frac{\pi\rho_a KX^{n+1}}{(n+1)(m+1)\left(1 - \frac{R^2}{KX^n}\right)^m C\rho_0 q_0 t} = 0$$

对于实际散体，有 $R^2 < KX^n$（理想散体有 $R^2 = KX^n$，实际散体因二次松散使 $R^2 < KX^n$）。因此，实际散体 $V_X' = 0$ 的条件只能是后者，故有：

$$R^2 = \left\{1 - \left[\frac{\pi K\rho_a X^{n+1}}{(n+1)(m+1)C\rho_0 q_0 t}\right]^{\frac{1}{m}}\right\}KX^n \qquad (3-19)$$

或

$$Y^2 + Z^2 = \left\{1 - \left[\frac{\pi K\rho_a X^{n+1}}{(n+1)(m+1)C\rho_0 q_0 t}\right]^{\frac{1}{m}}\right\}KX^n \qquad (3-19')$$

已知 $Q_s = C\frac{\rho_0}{\rho_a}q_0 t$，$Q_s = \frac{\pi K}{(n+1)(m+1)}H_s^{n+1}$，故：

$$R^2 = KX^n\left[1 - \left(\frac{X}{H_s}\right)^{\frac{n+1}{m}}\right] \qquad (3-20)$$

$$Y^2 + Z^2 = KX^n\left[1 - \left(\frac{X}{H_s}\right)^{\frac{n+1}{m}}\right] \qquad (3-20')$$

式（3 – 19）、式（3 – 19′）、式（3 – 20）、式（3 – 20′）都是松动椭球体表面方程。由方程可知：

（1）由松动体表面方程式（3 – 20）、式（3 – 20′）知，松动体表面方程也是一个放出体（移动体）表面方程。松动体表面既是等速度面又是放出体（移动体）表面，还是等密度面。

（2）由方程式（3 – 19）、式（3 – 19′）知，当无限放出，即 $t \to \infty$ 时，松动体方程趋近于方程 $R^2 = KX^n$，即 $R^2 = KX^n$ 是松动体表面的极限边界。

（3）式（3-19）可变换为式（3-21）：

$$R^2 = \left\{ 1 - \left[\frac{\pi K \rho_a X^{n+1}(\eta-1)}{(n+1)(m+1)\rho_0 q_0 t \eta} \right]^{\frac{1}{m}} \right\} K X^n \qquad (3-21)$$

由式（3-21）可知，当 $\eta = 1$ 时有：

$$R^2 = K X^n$$

就是说，由松动体边界方程可知，对于理想散体（$\eta = 1$），其移动边界为 $R^2 = K X^n$，此即理想散体的固定移动边界，可见实际散体速度为零的等速度面方程包含了理想散体速度为零的等速度面方程。

六、实际放出口的速度分布

1. 理想放出口和实际放出口

坐标设置如图 3-1 所示。以放出口中心线为 X 轴，原点 O 应使移动边界与放出口边沿在放出口水平相交。我们把这个放出口称为实际放出口，而把坐标原点 O 称为理论放出口。在理论分析和计算中，如果没有特别说明，则放出口均指理论放出口，因为用理论放出口研究问题比较方便。

2. 理想散体放出时，实际放出口的速度分布

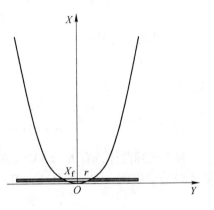

图 3-1 放出口与移动边界关系

设实际放出口半径为 r，根据式（3-9）可求得实际放出口水平坐标值 X_f：

$$X_f = \sqrt[n]{\frac{r^2}{K}} \qquad (3-22)$$

将 X_f 值代入式（3-1）得实际放出口水平垂直下移速度 V_{X_f} 分布为：

$$V_{X_f} = -\frac{(m+1)q_0\left(1 - \dfrac{Y^2 + Z^2}{r^2}\right)^m}{\pi r^2} \qquad (3-23)$$

或

$$V_{X_f} = -\frac{(m+1)q_0}{\pi r^2}\left(1 - \frac{R^2}{r^2}\right)^m \qquad (3-23')$$

式（3-23）与椭球体理论统一数学方程给出的实际放出口速度分布形式一致，仅多一个 m 值，而椭球体理论中的速度分布方程是式（3-23）中 $m=1$ 时的方程。式（3-23）、式（3-23'）的取值范围是 $0 \leqslant R^2$（或 $Y^2 + Z^2$）$\leqslant r^2$。

由于类椭球体放矿理论有固定的移动边界，故解决了椭球体理论坐标设置中原点浮动或移动边界浮动等问题。

场中位置为 X_0、R_0 的颗粒点通过漏口的位置 R_f 由移动迹线方程求得，按式 (3-23″) 计算：

$$R_f^2 = \frac{R_0^2 r^2}{X_0^n K} \tag{3-23″}$$

3. 实际散体放出时的实际放出口的速度分布

由理想方程知，当放出口半径为 r 时，$X_f = \sqrt[n]{\dfrac{r^2}{K}}$。将放出口水平的坐标值 X_f 代入式 (3-6) 得实际放出口的垂直下移速度 V'_{X_f} 分布为：

$$V'_{X_f} = -\frac{(m+1)q_0\left(1 - \dfrac{Y^2 + Z^2}{r^2}\right)^m}{\pi r^2} + \frac{\rho_a\left(\dfrac{r^2}{K}\right)^{\frac{1}{n}}}{(n+1)C\rho_0 t} \tag{3-24}$$

同理，当 $\eta \to 1$ 时，$C \to \infty$，式 (3-24) 变为实际放出口的垂直下移速度的理想方程式 (3-23)。

七、等速度面方程

等速度面有多种，我们只研究垂直下移速度等速度面（Г. М. 马拉霍夫定义的等速度面）。

1. 理想散体的等速度面

理想散体的垂直下移速度方程为 $V_X = -\dfrac{(m+1)q_0}{\pi K X^n}\left(1 - \dfrac{R^2}{KX^n}\right)^m$，其中 $R^2 = Y^2 + Z^2$，不考虑 V_X 表示方向的负号，经移项整理可得垂直下移等速度面方程：

$$Y^2 + Z^2 = KX^n\left\{1 - \left[\frac{\pi K|V_X|X^n}{(m+1)q_0}\right]^{\frac{1}{m}}\right\} \tag{3-25}$$

$$R^2 = KX^n\left\{1 - \left[\frac{\pi K|V_X|X^n}{(m+1)q_0}\right]^{\frac{1}{m}}\right\} \tag{3-25'}$$

由式 (3-25') 可知，$R = 0$ 的条件有 $X = 0$ 或 $X = \left[\dfrac{(m+1)q_0}{\pi K|V_X|}\right]^{\frac{1}{n}}$，此时的 X 值即为该体形的高 H_{V_X}，故有 $H_{V_X} = \left[\dfrac{(m+1)q_0}{\pi K|V_X|}\right]^{\frac{1}{n}}$，则式 (3-25') 变为：

$$R^2 = KX^n\left[1 - \left(\frac{X}{H_{V_X}}\right)^{\frac{n}{m}}\right] \tag{3-25″}$$

式 (3-25)、式 (3-25')、式 (3-25″) 均为等速度面方程。

由式 (3-25″) 可知，垂直下移等速度面也是一个类椭球体表面。当 $n = m = 1$ 时，则式 (3-25″) 变为：

$$R^2 = KH_{V_X}^{-1}(H_{V_X} - X)X \tag{3-25‴}$$

由式（3-25'''）知，当 $n=m=1$ 时，等速度面是标准的椭球体表面。该结论与 Γ. M. 马拉霍夫实验结论一致。

比较式（2-12）和式（3-25）可知，垂直下移等速度面的形状与放出体表面形状是不相同的，是另一种类椭球体表面。

当 $V_X=0$ 时，式（3-25）变为 $Y^2+Z^2=KX^n$，此即前述的移动边界方程。

可见，移动边界方程也是速度为零的等速度面，它是唯一没有封闭的等速度面。它是一个上部敞开的幂函数旋转面。

2. 实际散体的垂直下移速度等速度面

实际散体的垂直下移速度为：

$$V'_X = -\frac{(m+1)q_0}{\pi KX^n}\left(1-\frac{R^2}{KX^n}\right)^m + \frac{\rho_a X}{(n+1)C\rho_0 q_0 t}$$

不考虑 V'_X 本身表示方向的负号，经变换和移项整理得实际散体垂直下移速度的等速度面方程：

$$R^2 = KX^n\left\{1-\left[\frac{\pi KX^n}{(m+1)q_0}\right]^{\frac{1}{m}}\left[|V'_X|+\left(\frac{\rho_a X}{(n+1)C\rho_0 t}\right)^{\frac{1}{m}}\right]\right\} \tag{3-26}$$

由式（3-26）可知，实际散体垂直下移等速度面也是一个类椭球体表面，是与放出体表面和理想散体等速度面都不同的另一种类椭球体面。

当 $V'_X=0$ 时，并已知 $Q_s = C\dfrac{\rho_0 q_0 t}{\rho_a} = \dfrac{\pi K}{(n+1)(m+1)}H_s^{n+1}$，代入式（3-26），则有：

$$R^2 = KX^n\left[1-\left(\frac{X}{H_s}\right)^{\frac{n+1}{m}}\right] \tag{3-26'}$$

由式（3-26'）可知，当 $V'_X=0$ 时，实际散体的等速度面是一个与放出体形状及参数完全相同的类椭球体表面，该表面为速度为零的不断向外扩展瞬时边界面，即瞬时松动体表面。

由式（3-26）知，当无限放出时（$t\to\infty$，$\eta\to1$），$V'_X=0$ 的表面也是一个上部敞开的幂函数旋转面，该表面是实际散体的极限移动边界面，也是理想散体的固定移动边界面。

八、等速度面的过渡

1. 理想散体等速度面的过渡关系

设高为 H_{0V_X} 的等速度面表面颗粒 $A_0(R_0,X_0)$ 移动到高为 H_{1V_X} 的等速度表面 $A_1(R_1,X_1)$，则 A_0 和 A_1 应满足等速度表面方程式（3-25''），有：

$$R_0^2 = KX_0^n\left[1-\left(\frac{X_0}{H_{0V_X}}\right)^{\frac{n}{m}}\right] \tag{3-25''a}$$

$$R_1^2 = KX_1^n \left[1 - \left(\frac{X_1}{H_{1V_X}} \right)^{\frac{n}{m}} \right] \tag{3-25''b}$$

根据移动迹线方程有 $R_1^2 = \frac{R_0^2}{X_0^n} X_1^n$，故由式（3-25''a）和式（3-25''b）可得：

$$\frac{X_1}{H_{1V_X}} = \frac{X_0}{H_{0V_X}}$$

说明表面颗粒在移动中高度相关系数保持不变，理想散体等速度面过渡关系成立。

2. 实际散体等速度面的过渡关系

实际散体的等速度表面方程为：

$$R^2 = KX^n \left\{ 1 - \left[\frac{\pi KX^n}{(m+1)\ q_0} \right]^{\frac{1}{m}} \left[V_X' + \frac{\rho_a X}{(n+1)\ C\rho_0 t} \right]^{\frac{1}{m}} \right\}$$

设 $V_X = V_X' + \frac{\rho_a X}{(n+1)\ C\rho_0 t}$，由理想散体等速度面过渡关系可知，当 V_X 为与 X 变化无关的变量时，存在 $\frac{R^2}{X^n} = f\left(\frac{X}{H_{V_X}} \right) = $ 常数，此时移动过渡关系成立。现 $V_X = V_X' + \frac{\rho_a X}{(n+1)\ C\rho_0 t}$，即 V_X 与 X 变化有关，因此有 $\frac{R^2}{X^n} = f\left(X, \frac{X}{H_{V_X}} \right)$，故实际散体等速度表面过渡关系不成立。

马拉霍夫从实验中得出了等速度面存在过渡关系，类椭球体放矿理论认为只有理想散体的等速度面过渡关系成立。

第二节 移动方程

一、由速度方程建立移动方程

类椭球体放矿理论现有的移动方程都是根据速度方程建立的。过程如下：

1. 理想散体的移动方程

类椭球体放矿理论理想散体的速度方程为：

$$V_X = -\frac{(m+1)\ q_0}{\pi KX^n} \left(1 - \frac{R^2}{KX^n} \right)^m \tag{3-27}$$

式中 V_X——理想散体垂直下移速度；

$X，R$——散体移动场中任一点的垂直坐标值和径向坐标值；

n——移动迹线指数，为与放矿条件和散体性质相关的实验常数；

K——移动边界系数，为与放矿条件和散体性质相关的实验常数；

m——速度分布指数，为与放矿条件和散体性质相关的实验常数；

π——圆周率；

q_0——单位时间放出量。

类椭球体放矿理论的移动迹线方程：

$$R^2 = \frac{R_0^2}{X_0^n}X^n \qquad (3-28)$$

式中 X_0，R_0——散体移动场中已知点的垂直和径向坐标值；

X，R——已知点（X_0，R_0）移动后，某时刻的垂直和径向坐标值。

将式（3－28）代入式（3－27），变换后得 $X^n \mathrm{d}X = -\frac{(m+1)q_0}{\pi K}$ ·

$\left(1 - \frac{R_0^2}{KX_0^n}\right)^m \mathrm{d}t$，两端作定积分，$\int_{X_0}^{X} X^n \mathrm{d}X = \int_0^t -\frac{(m+1)q_0}{\pi K}\left(1 - \frac{R_0^2}{KX_0^n}\right)^m \mathrm{d}t$ ，整理得：

$$X_0^{n+1} - X^{n+1} = \frac{(n+1)(m+1)\left(1 - \frac{R_0^2}{KX_0^n}\right)^m}{\pi K}q_0 t \qquad (3-29)$$

$$X = \sqrt[n+1]{X_0^{n+1} - \frac{(n+1)(m+1)\left(1 - \frac{R_0^2}{KX_0^n}\right)^m}{\pi K}q_0 t} \qquad (3-29')$$

$$X_0 = \sqrt[n+1]{X^{n+1} + \frac{(n+1)(m+1)\left(1 - \frac{R^2}{KX^n}\right)^m}{\pi K}q_0 t} \qquad (3-29'')$$

式（3－29）、式（3－29'）、式（3－29''）为类椭球体放矿理论理想散体的移动方程。

2. 实际散体的移动方程

已知实际散体的速度方程为：

$$V_X' = -\frac{(m+1)q_0}{\pi KX^n}\left(1 - \frac{Y^2 + Z^2}{KX^n}\right)^m + \frac{\rho_a X}{(n+1)C\rho_0 t} \qquad (3-30)$$

现建立移动方程如下：

（1）松动体表面颗粒（X_s，Y_s，Z_s）的移动方程。实际散体颗粒移动与理想散体颗粒移动的一个区别是前者的运动滞后。这种滞后由两方面原因造成：一是实际散体颗粒由于松动体的形成造成开始投入运动的时间滞后；二是由于二次松散造成速度阻滞引起运动滞后。运动滞后使移动方程的建立复杂化。

此外，实际散体移动场是一个不定常场。观察移动场中某点，不同时刻到达该点的颗粒具有不同的速度值，其后的运动也是不同的。

鉴于以上原因，有必要在研究颗粒移动时建立一个参考系。笔者认为，以开始投入运动的时间 t_s 和开始投入运动时占据的空间位置（X_s，Y_s，Z_s）为参考系比较方便。如观察 t_0 时刻位于空间（X_0，Y_0，Z_0）处的颗粒的运动，最简单的办法就是先弄清它何时开始投入运动, 开始投入运动时占据空间哪个位置, 然后投入该系统进行观察分析。因此, 下面以 t_s 和 (X_s, Y_s, Z_s) 为准来建立移动方程。

设位于坐标 (X_s, Y_s, Z_s) 处的颗粒 t_s 秒末时刻开始投入运动, t 秒末到达 (X, Y, Z) 处。由式 $(3-30)$ 和式 $(3-28)$ 得:

$$\frac{X^n \mathrm{d}X}{\mathrm{d}t} = -\frac{(m+1)q_0}{\pi K}\left(1 - \frac{Y_s^2 + Z_s^2}{KX_s^n}\right)^m + \frac{\rho_a X^{n+1}}{(n+1)C\rho_0 t}$$

设 $X^{n+1} = ut$, 则有 $\mathrm{d}X^{n+1} = t\mathrm{d}u + u\mathrm{d}t$, 代入上式, 有:

$$\frac{t\mathrm{d}u}{\mathrm{d}t} = -\frac{(n+1)(m+1)q_0}{\pi K}\left(1 - \frac{Y_s^2 + Z_s^2}{KX_s^n}\right)^m + \frac{\rho_a}{C\rho_0}u - u$$

$$\frac{\mathrm{d}t}{t} = \frac{-\mathrm{d}u}{\dfrac{(n+1)(m+1)q_0}{\pi K}\left(1 - \dfrac{Y_s^2 + Z_s^2}{KX_s^n}\right)^m + \left(1 - \dfrac{\rho_a}{C\rho_0}\right)u}$$

当 $t = t_s$ 时, $X = X_s$, $u = u_s = \dfrac{X_s^{n+1}}{t_s}$; 当 $t = t$ 时, $X = X$, $u = \dfrac{X^{n+1}}{t}$。对上式进行定积分, 有:

$$\int_{t_s}^{t}\frac{\mathrm{d}t}{t} = \frac{1}{1 - \dfrac{\rho_a}{C\rho_0}}\int_{u_s}^{u}\frac{-\mathrm{d}\left[\dfrac{(n+1)(m+1)q_0}{\pi K}\left(1 - \dfrac{Y_s^2 + Z_s^2}{KX_s^n}\right)^m + \left(1 - \dfrac{\rho_a}{C\rho_0}\right)u\right]}{\dfrac{(n+1)(m+1)q_0}{\pi K}\left(1 - \dfrac{Y_s^2 + Z_s^2}{KX_s^n}\right)^m + \left(1 - \dfrac{\rho_a}{C\rho_0}\right)u}$$

$$\left(1 - \frac{\rho_a}{C\rho_0}\right)(\ln t - \ln t_s) = \ln\left[\frac{(n+1)(m+1)q_0}{\pi K}\left(1 - \frac{Y_s^2 + Z_s^2}{KX_s^n}\right)^m + \left(1 - \frac{\rho_a}{C\rho_0}\right)\frac{X_s^{n+1}}{t_s}\right] -$$

$$\ln\left[\frac{(n+1)(m+1)q_0}{\pi K}\left(1 - \frac{Y_s^2 + Z_s^2}{KX_s^n}\right)^m + \left(1 - \frac{\rho_a}{C\rho_0}\right)\frac{X^{n+1}}{t}\right]$$

$$\left(\frac{t}{t_s}\right)^{\frac{\rho_a}{C\rho_0}}X_s^{n+1} - X^{n+1} = \frac{(n+1)(m+1)q_0}{\pi K}\left(1 - \frac{Y_s^2 + Z_s^2}{KX_s^n}\right)^m\left[\frac{t - t_s\left(\dfrac{t}{t_s}\right)^{\frac{\rho_a}{C\rho_0}}}{1 - \dfrac{\rho_a}{C\rho_0}}\right]$$

$$(3-31)$$

设 $\eta' = \left(\dfrac{t}{t_s}\right)^{\frac{\rho_a}{C\rho_0}}$, $t' = \dfrac{t - t_s\left(\dfrac{t}{t_s}\right)^{\frac{\rho_a}{C\rho_0}}}{1 - \dfrac{\rho_a}{C\rho_0}}$, 则式 $(3-31)$ 变为:

$$\eta' X_s^{n+1} - X^{n+1} = \frac{(n+1)(m+1)q_0}{\pi K}\left(1 - \frac{Y_s^2 + Z_s^2}{KX_s^n}\right)^m t' \qquad (3-31')$$

式中, η' 为二次松散换算系数; t' 为换算时间, 它们是 t、t_s、ρ_a、ρ_0 的函数。

式 $(3-31)$ 和 $(3-31')$ 都是实际散体松动体表面颗粒的移动方程, 式

（3－31′）的形式与椭球体放矿理论统一数学方程 $r=0$ 时的移动方程形式一致。

当 $\rho_0=\rho_a$，即 $\eta=1$ 时，有 $C\to\infty$，$t_s\to0$，故式（3－31）变为：

$$X_s^{n+1}-X^{n+1}=\frac{(n+1)(m+1)q_0}{\pi K}\left(1-\frac{Y_s^2+Z_s^2}{KX_s^n}\right)^m t \qquad (3-32)$$

式（3－32）与式（3－29）一致，为理想散体的移动方程。可见，理想散体的移动方程是实际散体移动方程的特殊方程。

（2）任意颗粒点 (X_0,R_0,Q_0) 的移动方程。在研究了松动体表面颗粒的移动方程后，我们就容易建立任意颗粒点 (X_0,R_0,Q_0) 的移动方程。因为任意颗粒点 (X_0,R_0,Q_0) 在散体放出过程中都有一次（也只有一次）在瞬时松动体表面的机会，该点的移动就是从该时刻（t_0）开始的。根据放矿理论，颗粒点 (X_0,R_0,Q_0) 开始移动的 t_0 按下式计算：

$$t_0=\frac{\rho_a Q_0}{C\rho_0 q_0}=\frac{(\eta-1)\rho_a Q_0}{\eta\rho_0 q_0}$$

而 t_0 就是 t_s。

下面建立任意颗粒点 (X_0,R_0,Q_0) 的移动方程。

实际散体的速度方程为：

$$V_X'=-\frac{(m+1)q_0}{\pi KX^n}\left(1-\frac{R^2}{KX^n}\right)^m+\frac{\rho_a X}{(n+1)C\rho_0 t}$$

设散体场中某颗粒坐标位置为 X_0、R_0，当散体放出时，该点 t_0 秒末时刻投入运动，t 秒末到达 X、R 处，由移动迹线方程知 $R^2=\frac{R_0^2}{X_0^n}X^n$，$V_X'=\mathrm{d}X/\mathrm{d}t$，代入速度方程后，整理得：

$$\frac{X^n\mathrm{d}X}{\mathrm{d}t}=-\frac{(m+1)q_0}{\pi K}\left(1-\frac{R_0^2}{KX_0^n}\right)^m+\frac{\rho_a X^{n+1}}{(n+1)C\rho_0 t} \qquad (3-33)$$

设 $X^{n+1}=ut$，则 $\mathrm{d}X^{n+1}=t\mathrm{d}u+u\mathrm{d}t$，可得 $\frac{(n+1)X^n\mathrm{d}X}{\mathrm{d}t}=t\frac{\mathrm{d}u}{\mathrm{d}t}+u$，代入式（3－33）得：

$$\frac{t\mathrm{d}u}{\mathrm{d}t}=-\frac{(n+1)(m+1)q_0}{\pi K}\left(1-\frac{R_0^2}{KX_0^n}\right)^m+\frac{\rho_a}{C\rho_0}u-u$$

$$\frac{\mathrm{d}t}{t}=\frac{-\mathrm{d}u}{\dfrac{(n+1)(m+1)q_0}{\pi K}\left(1-\dfrac{R_0^2}{KX_0^n}\right)^m+\left(1-\dfrac{\rho_a}{C\rho_0}\right)u} \qquad (3-33')$$

当 $t=t_0$ 时，$X=X_0$，$u=u_0=X_0^{n+1}/t_0$；$t=t$ 时，$X=X$，$u=u=X^{n+1}/t_0$。对式（3－33′）进行定积分，有：

$$\int_{t_0}^{t} \frac{\mathrm{d}t}{t} = \frac{1}{1 - \frac{\rho_a}{C\rho_0}} \int_{u}^{u_0} \frac{\mathrm{d}\left[\frac{(n+1)(m+1)q_0}{\pi K}\left(1 - \frac{R_0^2}{KX_0^n}\right)^m + \left(1 - \frac{\rho_a}{C\rho_0}\right)u\right]}{\frac{(n+1)(m+1)q_0}{\pi K}\left(1 - \frac{R_0^2}{KX_0^n}\right)^m + \left(1 - \frac{\rho_a}{C\rho_0}\right)u}$$

$$\left(1 - \frac{\rho_a}{C\rho_0}\right)(\ln t - \ln t_0) = \ln\left[\frac{(n+1)(m+1)q_0}{\pi K}\left(1 - \frac{R_0^2}{KX_0^n}\right)^m + \left(1 - \frac{\rho_a}{C\rho_0}\right)\frac{X_0^{n+1}}{t_0}\right] -$$

$$\ln\left[\frac{(n+1)(m+1)q_0}{\pi K}\left(1 - \frac{R_0^2}{KX^n}\right)^m + \left(1 - \frac{\rho_a}{C\rho_0}\right)\frac{X^{n+1}}{t}\right]$$

$$\left(\frac{t}{t_0}\right)^{1 - \frac{\rho_a}{C\rho_0}} = \frac{\frac{(n+1)(m+1)q_0}{\pi K}\left(1 - \frac{R_0^2}{KX_0^n}\right)^m + \left(1 - \frac{\rho_a}{C\rho_0}\right)\frac{X_0^{n+1}}{t_0}}{\frac{(n+1)(m+1)q_0}{\pi K}\left(1 - \frac{R_0^2}{KX_0^n}\right)^m + \left(1 - \frac{\rho_a}{C\rho_0}\right)\frac{X^{n+1}}{t}}$$

$$X_0^{n+1} - \left(\frac{t_0}{t}\right)^{\frac{\rho_a}{C\rho_0}} X^{n+1} = \frac{(n+1)(m+1)q_0}{\pi K}\left(1 - \frac{R_0^2}{KX_0^n}\right)^m \left[\frac{t\left(\frac{t_0}{t}\right)^{\frac{\rho_a}{C\rho_0}} - t_0}{1 - \frac{\rho_a}{C\rho_0}}\right] \qquad (3-34)$$

式（3-34）为实际散体任意点的移动方程。式中 t_0 为投入运动的滞后时间。

根据类椭球体放矿理论：

$$t_0 = \frac{\rho_a}{C\rho_0 q_0}Q_0 = \frac{\rho_a \pi K X_0^{n+1}}{(n+1)(m+1)\left(1 - \frac{R_0^2}{KX_0^n}\right)^m C\rho_0 q_0}$$

$$\rho_a = \rho_0(1+\alpha)^{\frac{1}{\alpha}}$$

$$C = (1+\alpha)^{\frac{1+\alpha}{\alpha}}$$

式（3-34）可变换为：

$$X_0^{n+1} - \left(\frac{t_0}{t}\right)^{\frac{1}{1+\alpha}} X^{n+1} = \frac{(n+1)(m+1)q_0}{\pi K}\left(1 - \frac{R_0^2}{KX_0^n}\right)^m \frac{1+\alpha}{\alpha}\left[t\left(\frac{t_0}{t}\right)^{\frac{1}{1+\alpha}} - t_0\right]$$

$$(3-34')$$

式（3-34'）亦为实际散体的移动方程。

式（3-34）还可表达为：

$$X_0 = \sqrt[n+1]{\left(\frac{t_0}{t}\right)^{\frac{\rho_a}{C\rho_0}} X^{n+1} + \frac{(n+1)(m+1)q_0}{\pi K}\left(1 - \frac{R^2}{KX^n}\right)^m \left[\frac{t\left(\frac{t_0}{t}\right)^{\frac{\rho_a}{C\rho_0}} - t_0}{1 - \frac{\rho_a}{C\rho_0}}\right]}$$

$$(3-34'')$$

$$X = \sqrt[n+1]{\left(\frac{t}{t_0}\right)^{\frac{\rho_a}{C\rho_0}} X_0^{n+1} - \frac{(n+1)(m+1)q_0}{\pi K}\left(1 - \frac{R_0^2}{KX_0^n}\right)^m \left[\frac{t - t_0\left(\frac{t}{t_0}\right)^{\frac{\rho_a}{C\rho_0}}}{1 - \frac{\rho_a}{C\rho_0}}\right]}$$

$$(3 - 34''')$$

式（3-34″）、式（3-34‴）也是实际散体的移动方程。

由式（3-34）和式（3-34′）可以看出，从 X_0、R_0 计算 X、R，因 t_0 可由 X_0、R_0 求得，故能直接求解；而由 X、R 计算 X_0、R_0，因 $t_0 = f(X_0, R_0)$ 而无法直接求解，只能取值逐渐逼近求解。下面我们将看到，由移动过渡方程建立的移动方程能给出的全部解析式都能直接求解。

二、根据移动过渡方程建立移动方程

类椭球体放矿理论根据速度方程建立了移动方程，实际散体的移动方程构建过程和表达式比较复杂，计算参数多，使用不够方便。经研究，可按移动过渡方程来建立移动方程。

1. 理想散体移动方程

类椭球体放矿理论理想散体的移动过渡方程为：

$$Q_0 - Q_f = Q \qquad (3 - 35)$$

式中 Q_0——移动前坐标为 X_0、R_0 的颗粒 A 相应的移动体（放出体）体积；

Q_f——放出时间 t 秒末放出的放出体体积；

Q——放出散体 Q_f 时，颗粒 A 移动到达的位置（坐标设为 X、R）相应的移动体体积。

由类椭球体放矿理论知 $Q = \dfrac{\pi K X^{n+1}}{(n+1)(m+1)\left(1 - \dfrac{R^2}{KX^n}\right)^m}$，$Q_f = qt = \dfrac{\rho_0}{\rho_a}q_0 t =$

$q_0 t$（$\eta = 1$ 时，$\rho_a = \rho_0$），$\dfrac{R^2}{X^n} = \dfrac{R_0^2}{X_0^n}$，代入式（3-35）变换整理得：

$$X_0^{n+1} - X^{n+1} = \frac{(n+1)(m+1)\left(1 - \dfrac{R_0^2}{KX_0^n}\right)^m}{\pi K}q_0 t \qquad (3 - 36)$$

式（3-36）变换后得：

$$X = \sqrt[n+1]{X_0^{n+1} - \frac{(n+1)(m+1)}{\pi K}\left(1 - \frac{R_0^2}{KX_0^n}\right)^m q_0 t} \qquad (3 - 36')$$

$$X_0 = \sqrt[n+1]{X^{n+1} + \frac{(n+1)(m+1)}{\pi K}\left(1 - \frac{R^2}{KX^n}\right)^m q_0 t} \qquad (3 - 36'')$$

式（3－36）、式（3－36'）、式（3－36″）均为理想散体根据移动过渡方程建立的移动方程。比较式（3－29）和式（3－36）知，由速度方程建立的移动方程和由移动过渡方程建立的移动方程是完全一致的。

2. 实际散体移动方程的建立

类椭球体放矿理论实际散体的移动过渡方程为：

$$Q = \frac{C}{\alpha}\left[\left(\frac{Q_0}{Q_f}\right)^{\frac{\alpha}{1+\alpha}} - 1\right]Q_f \tag{3-37}$$

$$Q_0 = \left(1 + \alpha\frac{Q}{CQ_f}\right)^{\frac{1+\alpha}{\alpha}}Q_f \tag{3-37'}$$

将 Q_0、Q、Q_f 值代入式（3－37）得：

$$\frac{\pi K X^{n+1}}{(n+1)(m+1)\left(1-\frac{R^2}{KX^n}\right)^m} = \frac{C}{\alpha}\left\{\left[\frac{\rho_a \pi K X_0^{n+1}}{(n+1)(m+1)\left(1-\frac{R_0^2}{KX_0^n}\right)^m \rho_0 q_0 t}\right]^{\frac{\alpha}{1+\alpha}} - 1\right\}\frac{\rho_0}{\rho_a}q_0 t$$

经变换整理后得：

$$X^{n+1} = \frac{(1+\alpha)(n+1)(m+1)}{\alpha\pi K}\left\{\left[\frac{(1+\alpha)^{\frac{1}{\alpha}}\pi K X_0^{n+1}}{(n+1)(m+1)\left(1-\frac{R_0^2}{KX_0^n}\right)^m q_0 t}\right]^{\frac{\alpha}{1+\alpha}} - 1\right\}\left(1-\frac{R_0^2}{KX_0^n}\right)^m q_0 t$$

$$\tag{3-38}$$

$$X = \sqrt[n+1]{\frac{(1+\alpha)(n+1)(m+1)}{\alpha\pi K}\left\{\left[\frac{(1+\alpha)^{\frac{1}{\alpha}}\pi K X_0^{n+1}}{(n+1)(m+1)\left(1-\frac{R_0^2}{KX_0^n}\right)^m q_0 t}\right]^{\frac{\alpha}{1+\alpha}} - 1\right\}\left(1-\frac{R_0^2}{KX_0^n}\right)^m q_0 t}$$

$$\tag{3-38'}$$

同理，由式（3－37'）可得：

$$X_0 = \sqrt[n+1]{\frac{(n+1)(m+1)}{\pi K(1+\alpha)^{\frac{1}{\alpha}}}\left[1 + \frac{\alpha\pi K X^{n+1}}{(1+\alpha)(n+1)(m+1)\left(1-\frac{R^2}{KX^n}\right)^m q_0 t}\right]\left(1-\frac{R^2}{KX^n}\right)^m q_0 t}$$

$$\tag{3-38″}$$

式（3－38）、式（3－38'）还可表达为：

$$X = \sqrt[n+1]{\frac{C}{\alpha}\left[\left(\frac{Q_0}{Q_f}\right)^{\frac{\alpha}{1+\alpha}} - 1\right]\frac{(n+1)(m+1)\left(1-\frac{R_0^2}{KX_0^n}\right)^m}{\pi K}Q_f} \tag{3-39}$$

$$X_0 = \sqrt[n+1]{\left(1 + \alpha \frac{Q}{CQ_f}\right)^{\frac{1+\alpha}{\alpha}} Q_f \frac{(n+1)(m+1)\left(1 - \frac{R^2}{KX^n}\right)^m}{\pi K}} \qquad (3-39')$$

式(3-37)、式(3-37′)还可表达为：

$$X = \sqrt[n+1]{\frac{C}{\alpha}\left[\left(\frac{H_0}{H_f}\right)^{\frac{\alpha(n+1)}{1+\alpha}} - 1\right]\left(1 - \frac{R_0^2}{KX_0^n}\right)^m H_f^{n+1}} \qquad (3-40)$$

$$X_0 = \sqrt[n+1]{\left(1 + \alpha \frac{H^{n+1}}{CH_f^{n+1}}\right)^{\frac{1+\alpha}{\alpha}}\left(1 - \frac{R^2}{KX^n}\right)^m H_f^{n+1}} \qquad (3-40')$$

式（3-38）、式（3-38′）、式（3-39）、式（3-39′）、式（3-40）、式（3-40′）均为实际散体的移动方程，应用时已知 $q_0 t$（或 Q_f）、X_0、R_0（或 X、R），可直接代入或先计算 Q_0（或 Q）、H_0（或 H）、Q_f、H_f 即可求解。

由散体放出过程知：Q_0 表面颗粒点投入运动时的放出体体积 $Q_{f0} = \frac{Q_0}{C}$。因此，实际散体移动方程中 Q_f 和 t 的取值范围如下：

$$\frac{Q_0}{C} \leqslant Q_f \leqslant Q_0$$

$$\frac{\rho_a Q_0}{C\rho_0 q_0} \leqslant t \leqslant \frac{\rho_a Q_0}{\rho_0 q_0}$$

用取值范围解决式（3-34″）中不能直接求解的问题，使由移动过渡方程建立的移动方程应用非常简便。

三、移动方程的检验

1. 理想散体移动方程检验

由方程式（3-29）知：

（1）当 $t = 0$ 时，$X = X_0$，即颗粒在原有位置，即将投入运动。

（2）当 $t = \frac{Q_0}{q_0}$ 时，由 $Q_0 = \frac{\pi K X_0^{n+1}}{(n+1)(m+1)\left(1 - \frac{R_0^2}{KX_0^n}\right)^m}$ 可得

$t = \frac{\pi K X_0^{n+1}}{(n+1)(m+1)\left(1 - \frac{R_0^2}{KX_0^n}\right)^m q_0}$，代入式（3-29）得 $X = 0$，即此时原位于 X_0 位置的颗粒正好到达漏斗口。

由以上检验可知，理想散体移动方程是符合实际的。

2. 由速度方程建立的实际散体移动方程检验

由方程式（3-34）和式（3-31）可知：

（1）当 $X_0 = X_s$ 时，$t_0 = t_s$，代入式（3-34），等式两端乘以 $\left(\dfrac{t}{t_s}\right)^{\frac{\rho_a}{C\rho_0}}$，可得式（3-31）。可见两式为同一方程的不同表达式，或者说式（3-31）是式（3-34）的特别表达式。

（2）由式（3-34）知，当 $t = t_0$ 时，$\left(\dfrac{t_0}{t}\right)^{\frac{\rho_a}{C\rho_0}} = 1$，$t\left(\dfrac{t_0}{t}\right)^{\frac{\rho_a}{C\rho_0}} - t_0 = 0$，故 $X = X_0$，即颗粒在原有位置即将投入运动。

（3）当 $t = Ct_s$ 时，$X = 0$。根据类椭球体放矿理论，位于松动体表面的颗粒在 t_s 秒末投入运动，于 $t = Ct_s$ 秒末到达放出口，即 $X = 0$。现证明如下：

已知 $C = (1+\alpha)^{\left(\frac{1+\alpha}{\alpha}\right)}$，$\rho_a = \rho_0(1+\alpha)^{\frac{1}{\alpha}}$，所以 $\dfrac{\rho_a}{C\rho_0} = \dfrac{1}{1+\alpha}$，$\left(\dfrac{t}{t_s}\right)^{\frac{\rho_a}{C\rho_0}} = C^{\frac{1}{1+\alpha}} =$

$\dfrac{\rho_a}{\rho_0}$，$\dfrac{t - t_s\left(\dfrac{t}{t_s}\right)^{\frac{\rho_a}{C\rho_0}}}{1 - \dfrac{\rho_a}{C\rho_0}} = \dfrac{t - t_s\dfrac{\rho_a}{\rho_0}}{1 - \dfrac{\rho_a}{C\rho_0}} = \dfrac{1 - \dfrac{t_s\rho_a}{t\rho_0}}{1 - \dfrac{\rho_a}{C\rho_0}}t = t_0$。故当 $t = Ct_s$ 时，式（3-31）变为：

$$\frac{\rho_a}{\rho_0}X_s^{n+1} + X^{n+1} = \frac{(n+1)(m+1)q_0}{\pi K}\left(1 - \frac{Y_s^2 + Z_s^2}{KX_s^n}\right)^m t \qquad (3-31a)$$

根据放出体体积方程（t 秒末开始时的松动体已转化为放出体），有：

$$Q_s = \frac{\pi KX_s^{n+1}}{(n+1)(m+1)\left(1 - \dfrac{Y_s^2 + Z_s^2}{KX_s^n}\right)^m} = \frac{\rho_0}{\rho_a}q_0 t$$

进一步整理有：

$$\frac{\rho_a}{\rho_0}X_s^{n+1} = \frac{(n+1)(m+1)q_0}{\pi K}\left(1 - \frac{Y_s^2 + Z_s^2}{KX_s^n}\right)^m t \qquad (3-31b)$$

比较式（3-31a）和（3-31b）有，当 $t = Ct_s$ 时，$X = 0$。

由以上验证可知，根据速度方程建立的实际散体的移动方程是符合实际的。

3. 由移动过渡方程建立的实际散体移动方程检验

检验方程式（3-38）、式（3-38'）较困难，需要将 Q_f 变换或引入 t 值，现对式（3-39）进行检验。

由式（3-39）知：$X = \sqrt[n+1]{\dfrac{C}{\alpha}\left[\left(\dfrac{Q_0}{Q_f}\right)^{\frac{\alpha}{1+\alpha}} - 1\right]\dfrac{(n+1)(m+1)}{\pi K}\left(1 - \dfrac{R_0^2}{KX_0^n}\right)Q_f}$

（1）当 $Q_f = Q_0/C$ 时，$\left(\dfrac{Q_0}{Q_f}\right)^{\frac{\alpha}{1+\alpha}} = C^{\frac{\alpha}{1+\alpha}} = 1 + \alpha$，$CQ_f = Q_0 = $

$\dfrac{\pi KX_0^{n+1}}{(n+1)(m+1)\left(1 - \dfrac{R_0^2}{KX_0^n}\right)^m}$，代入上式得 $X = X_0$。即当 $Q_f = Q_0/C$ 时，Q_0 表面颗粒

在原有位置即将投入运动。

（2）$Q_f = Q_0$ 时，$\dfrac{Q_0}{Q_f} = 1$，代入上式得 $X = 0$。即 $Q_f = Q_0$ 时，移动体 Q_0 转变为放出体，Q_0 表面颗粒到达放出口。

由以上检验知，由移动过渡方程建立的实际散体的移动方程是符合实际的。该方程形式简单，计算方便，予以推荐。

四、移动方程的讨论

（1）由式（3-29）和式（3-36）可知，对理想散体由速度方程建立的移动方程和由移动过渡方程建立的移动方程表达式相同，证明两种途径都可建立移动方程，理论本身是闭合的。

（2）当 $\eta = 1$ 时，有 $C \to \infty$，$\dfrac{\rho_a}{C\rho_0} \to 0$，$\left(\dfrac{t}{t_0}\right)^{\frac{\rho_a}{C\rho_0}} = 1$，$t_0 \to 0$，代入式（3-34）可得：

$$X_0^{n+1} - X^{n+1} = \frac{(n+1)(m+1)q_0}{\pi K}\left(1 - \frac{R_0^2}{KX_0^n}\right)^m t$$

该式即是式（3-29），就是说由速度方程建立的实际散体的移动方程，当 $\eta = 1$ 时可得出理想散体的移动方程。

同理，当 $\eta = 1$ 时，$\alpha \to \infty$，$\dfrac{1}{1+\alpha} \to 0$，$\dfrac{1+\alpha}{\alpha} = 1$，$t_0 \to 0$，代入式（3-34'）同样可得式（3-29）。

（3）由速度方程建立的实际散体研究松动体表面颗粒的移动方程与研究任意已知颗粒的移动方程，是同一方程的不同表达式，前者是特殊点的方程，后者是一般方程。

（4）由式（3-34）和式（3-34'）可以看出，实际散体移动方程的应用比较复杂，已知 X_0、R_0 时可以计算出 t_0，从而能顺利计算出 X 值和 R 值；而当已知 X、R 值及放出量或放出时间时，要计算 X_0、R_0 却比较困难，因为 t_0 也是与 X_0、R_0 相关的函数，用解析法无法计算。因此我们希望通过移动过渡方程来建立移动方程。

（5）根据式（3-38'）、式（3-39）、式（3-39'）可以看出，当 $\eta = 1$ 时，$\alpha \to \infty$，$\dfrac{1+\alpha}{\alpha} \to 1$，$(1+\alpha)^{\frac{1}{\alpha}} \to 1$，则式（3-38'）变为：

$$X_0^{n+1} - X^{n+1} = \frac{(n+1)(m+1)}{\pi K}\left(1 - \frac{R_0^2}{KX_0^n}\right)^m q_0 t$$

式（3-39）、式（3-39'）变为：

$$X = \sqrt[n+1]{X_0^{n+1} - \frac{(n+1)(m+1)}{\pi K}\left(1 - \frac{R_0^2}{KX_0^n}\right)^m q_0 t}$$

$$X_0 = \sqrt[n+1]{X^{n+1} + \frac{(n+1)(m+1)}{\pi K}\left(1 - \frac{R^2}{KX^n}\right)^m q_0 t}$$

对比看出，以上三式与式（3-36）、式（3-36'）、式（3-36″）是相同的，表明由移动过渡方程建立的实际散体移动方程当 $\eta = 1$ 时，均能变为理想散体的移动方程。

（6）实际散体由速度方程建立的移动方程和由移动过渡方程建立的移动方程两者表达式是不同的，主要是由计算参数不同造成的。由速度方程建立移动方程的主要参数之一是颗粒点投入运动的滞后时间 t_0，t_0 使方程复杂化且难以解算；由移动过渡方程建立的移动方程不用考虑投入运动的时间，只在放出量 $q_0 t$ 取值时反映投入运动时间的滞后，即 $\rho_0 q_0 t < \rho_a Q_0 / C$ 时 Q_0 表面颗粒静止不动，此时 Q_0 与 Q 无函数关系，只有 $\frac{\rho_a Q_0}{\rho_0 C} \leqslant q_0 t \leqslant \frac{\rho_a Q_0}{\rho_0}$ 时存在函数关系，移动方程是该范围内 Q_0、Q、Q_f 的关系表达式，故由移动过渡方程建立的移动方程 $q_0 t$ 的取值范围是 $\frac{\rho_a Q_0}{\rho_0 C} \leqslant q_0 t \leqslant \frac{\rho_a Q_0}{\rho_0}$。

（7）类椭球体放矿理论实际散体的速度方程和密度方程是通过了连续性检验的理论方程，移动过渡方程也是根据质量守恒定律建立的，因此各自建立的移动方程都是有理论根据的。而它们在 $\eta = 1$ 时都变为完全相同的理想散体的移动方程，证明方程体系是闭合的，方程表达式是正确的。

第三节　放出漏斗方程

如图 3-2 所示，设散体中有标记平面 DBA_0CE，高为 H_0，当放出体积为 Q_f 时，$A_0(H_0, 0)$ 点移动到 $A(H, 0)$ 点，并形成放出漏斗（移动漏斗）ABC，现研究漏斗 ABC。

一、理想散体放出漏斗方程

1. 移动前后坐标的求算

类椭球体放矿理论理想散体的移动方程表明了移动前后坐标位置的关系。

当已知移动前颗粒点的坐标为 X_0、R_0

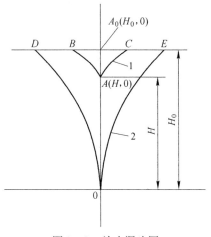

图 3-2　放出漏斗图

时，若放出量 $Q_f = q_0 t$，则此时颗粒点移动至 X、R。根据式（3−29′）有：

$$X = \sqrt[n+1]{X_0^{n+1} - \frac{(n+1)(m+1)q_0 t}{\pi K}\left(1 - \frac{R_0^2}{KX_0^n}\right)^m}$$

$$R = \sqrt{\frac{R_0^2}{X_0^n}X^n}$$

当已知移动后颗粒点的坐标为 X、R 时，在放出量 $Q_f = q_0 t$ 放出前的坐标位置可按下式求算：

$$X_0 = \sqrt[n+1]{X^{n+1} + \frac{(n+1)(m+1)q_0 t}{\pi K}\left(1 - \frac{R^2}{KX^n}\right)^m}$$

$$R_0 = \sqrt{\frac{R^2}{X^n}X_0^n}$$

2. 放出漏斗方程的建立

由图 3−2 可见，当放出量为 Q_f 时，放出漏斗表面在放出前为 BA_0C 平面，放出后则为 BAC，以下根据理想散体的移动方程建立放出漏斗方程。

已知移动前 BA_0C 上的所有点的 X 坐标均为 H_0，即 $X_0 = H_0$，代入移动方程式（3−29）及移动迹线方程可得：

$$H_0^{n+1} - X^{n+1} = \frac{(n+1)(m+1)q_0 t}{\pi K}\left(1 - \frac{R^2}{KX^n}\right)^m$$

变换整理后得：

$$R^2 = \left\{1 - \left[\frac{\pi K(H_0^{n+1} - X^{n+1})}{(n+1)(m+1)q_0 t}\right]^{\frac{1}{m}}\right\}KX^n \tag{3−41}$$

式中　X，R——放出漏斗表面点的垂直和径向坐标；

$\quad\quad H_0$——放出前 $DBACE$ 水平面上任意点的垂直坐标；

$\quad\quad q_0$——单位时间放出体积；

$\quad\quad t$——放出时间；

$\quad n$，K，m——与放矿条件和散体性质相关的实验常数。

式（3−41）即为放出漏斗表面方程。当给出一个表面点的 X 值时，根据方程即可得其 R，从而得出一点，无数个点则组成放出漏斗表面。

3. 理想散体放出漏斗方程的讨论

（1）当 $H_f \leqslant H_0$ 时，X 的取值范围。由图 3−2 可知，X 的取值范围是 $H \leqslant X \leqslant H_0$，且当 $R = 0$ 时，$X = H$，故由式（3−41）得：

$$H = \sqrt[n+1]{H_0^{n+1} - \frac{(n+1)(m+1)}{\pi K}q_0 t}$$

或

$$H = \sqrt[n+1]{H_0^{n+1} - H_f^{n+1}}$$

对于移动漏斗有 $0 < H < H_0$。

（2）放出漏斗体积等于放出体体积。对于理想散体，由于各处密度都相同，在放出过程中应遵守质量守恒定律，因此放出漏斗的体积必须与放出体体积相等。现对放出漏斗体积验证如下。

根据放出体体积方程，式（3-41）可变换为：

$$R^2 = \left[1 - \left(\frac{H_0^{n+1} - X^{n+1}}{H_f^{n+1}} \right)^{\frac{1}{m}} \right] KX^n \qquad (3-41')$$

式（3-41'）亦为放出漏斗方程，式中 H_f 为放出体 Q_f 的高。

设放出漏斗体积为 Q_L，则有：

$$
\begin{aligned}
Q_L &= \int_H^{H_0} \pi R^2 \, dX = \int_{X_0}^{H_0} \pi \left[1 - \left(\frac{H_0^{n+1} - X^{n+1}}{H_f^{n+1}} \right)^{\frac{1}{m}} \right] KX^n \, dX \\
&= \frac{\pi K}{n+1} \int_H^{H_0} dX^{n+1} + H_f^{n+1} \left(\frac{H_0^{n+1} - X^{n+1}}{H_f^{n+1}} \right)^{\frac{1}{m}} + d\left(\frac{H_0^{n+1} - X^{n+1}}{H_f^{n+1}} \right) \\
&= \frac{\pi K}{n+1} \left[X^{n+1} \Big|_H^{H_0} + H_f^{n+1} \frac{m}{m+1} \left(\frac{H_0^{n+1} - X^{n+1}}{H_f^{n+1}} \right)^{\frac{m+1}{m}} \Big|_H^{H_0} \right] \\
&= \frac{\pi K}{n+1} \left[H_0^{n+1} - H^{n+1} - \frac{m}{m+1} H_f^{n+1} \left(\frac{H_0^{n+1} - H^{n+1}}{H_f^{n+1}} \right)^{\frac{m+1}{m}} \right] \\
&= \frac{\pi K}{(n+1)(m+1)} H_f^{n+1} \\
&= Q_f \quad (因为 H_0^{n+1} - H^{n+1} = H_f^{n+1})
\end{aligned}
$$

可见，放出漏斗方程满足质量守恒定律要求。

（3）降落漏斗方程。当 $H_f = H_0$ 时，则放出漏斗从移动漏斗变为特有的降落漏斗，故：

$$R^2 = \left[1 - \left(\frac{H_0^{n+1} - X^{n+1}}{H_0^{n+1}} \right)^{\frac{1}{m}} \right] KX^n \qquad (3-42)$$

式（3-42）为降落漏斗方程，X 的取值范围为 $0 \leqslant X \leqslant H_0$。同理可证明降落漏斗体积与放出体体积相等。

（4）破裂漏斗的讨论。当 $H_f > H_0$ 时，则放出漏斗母线方程变为破裂漏斗的母线方程。从理论上说，放出漏斗母线方程仍然有效，且 X 允许取负值。有的研究者引入了"虚体"的概念，由于负值的 $n+1$ 次方是否为负值难以说清，故本书不予讨论。

（5）当确定放出漏斗曲线时，只要在取值范围内给出一个 X 值，根据放出漏斗方程就能得到一个相应 R 值，从而确定出放出漏斗表面（曲线）上一个点，若干个点即可组成放出漏斗曲线（表面）。

二、实际散体放出漏斗方程

1. 移动前后坐标的求算

类椭球体放矿理论实际散体的移动方程表明了移动前后坐标位置的关系。实际散体移动方程有两类，一是由速度方程建立的移动方程，另一类是由移动过渡方程建立的移动方程。由于由速度方程建立的移动方程要计算开始投入移动的滞后时间 t_0，比较复杂，以下仅介绍由移动过渡方程建立的移动方程移动前后坐标的求算。

已知 X_0、R_0，根据式（3-38'）得：

$$X = \sqrt[n+1]{\frac{(1+\alpha)(n+1)(m+1)}{\alpha\pi K}\left\{\left[\frac{(1+\alpha)^{\frac{1}{\alpha}}\pi K X_0^{n+1}}{(n+1)(m+1)\left(1-\frac{R_0^2}{KX_0^n}\right)^m q_0 t}\right]^{\frac{\alpha}{1+\alpha}}-1\right\}\left(1-\frac{R_0^2}{KX_0^n}\right)^m q_0 t}$$

$$(3-43)$$

$$R = \sqrt{\frac{R_0^2}{X_0^n}X^n}$$

已知 X、R，根据式（3-38'）得：

$$X_0 = \sqrt[n+1]{\frac{(n+1)(m+1)}{\pi K(1+\alpha)^{\frac{1}{\alpha}}}\left[1+\frac{\alpha\pi K X^{n+1}}{(1+\alpha)(n+1)(m+1)\left(1-\frac{R^2}{KX^n}\right)^m q_0 t}\right]^{\frac{1+\alpha}{\alpha}}\left(1-\frac{R^2}{KX^n}\right)^m q_0 t}$$

$$(3-44)$$

$$R_0 = \sqrt{\frac{R^2}{X^n}X_0^n}$$

2. 放出漏斗方程

研究放出漏斗时，X_0 均为 H_0，当 $X_0 = H_0$ 时，则有：

$$X = \sqrt[n+1]{\frac{(1+\alpha)(n+1)(m+1)}{\alpha\pi K}\left\{\left[\frac{(1+\alpha)^{\frac{1}{\alpha}}\pi K H_0^{n+1}}{(n+1)(m+1)\left(1-\frac{R_0^2}{KH_0^n}\right)^m q_0 t}\right]^{\frac{\alpha}{1+\alpha}}-1\right\}\left(1-\frac{R_0^2}{KH_0^n}\right)^m q_0 t}$$

$$(3-45)$$

式（3-45）为实际散体放出漏斗方程。

只要给出一个 R_0 值即可算出 X 值和 R 值，得到放出漏斗曲线（表面）上一个点，若干个点就组成放出漏斗曲线（表面）。R_0 的取值范围为 $0 \leqslant R_0 \leqslant \sqrt{KH_0^n}$。

R_0 实际的最大取值与放出量有关。

3. 方程的讨论

（1）当 $\eta = 1$ 时，$1 + \alpha \to \infty$ 时，$\dfrac{1+\alpha}{\alpha} = 1$，$\dfrac{1}{\alpha} = 0$，代入式（3 – 45）得：

$$X = \sqrt[n+1]{H_0^{n+1} - \left(1 - \frac{R_0^2}{KH_0^n}\right)^m q_0 t \frac{(n+1)(m+1)}{\pi K}}$$

$$X^{n+1} = H_0^{n+1} - \frac{(n+1)(m+1)}{\pi K}\left(1 - \frac{R^2}{KX^n}\right)^m q_0 t$$

$$R^2 = \left\{1 - \left[\frac{\pi K(H_0^{n+1} - X^{n+1})}{(n+1)(m+1)q_0 t}\right]^{\frac{1}{m}}\right\} KX^n \tag{3 – 46}$$

式（3 – 46）即为理想散体的放出漏斗方程，可见理想散体的放出漏斗方程是实际散体放出漏斗方程当 $\eta = 1$ 时的特殊方程。

（2）分析表明，要计算实际散体放出漏斗的体积是困难的，但由于二次松散的存在，放出漏斗体积小于放出体积。

第四节　加速度方程

一、速度方程分析

在本章第一节中，我们从研究颗粒移动过程的移动过渡关系入手，建立了颗粒的速度方程，进而得出了散体的速度场。同理，可以根据颗粒的速度方程建立散体颗粒的加速度方程，进而得出散体的加速度场。

由式（3 – 6′）和式（3 – 7′）知类椭球体放矿理论实际散体的速度方程如下：

实际散体垂直下移速度 V_X' 方程为：

$$V_X' = -\frac{(m+1)q_0}{\pi KX^n}\left(1 - \frac{R^2}{KX^n}\right)^m + \frac{\rho_a X}{(n+1)C\rho_0 t} \tag{3 – 6′}$$

实际散体水平径向速度 V_R' 方程为：

$$V_R' = -\frac{n(m+1)q_0 R}{2\pi KX^{n+1}}\left(1 - \frac{R^2}{KX^n}\right)^m + \frac{n\rho_a R}{2(n+1)C\rho_0 t} \tag{3 – 7′}$$

当研究散体某颗粒时，由于该颗粒点在移动过程中始终满足 $\dfrac{R^2}{X^n} = \dfrac{R_0^2}{X_0^n} = $ 定值，故式（3 – 6′）变为式（3 – 6‴），式（3 – 7′）变为式（3 – 7″）：

$$V_X' = -\frac{(m+1)q_0}{\pi KX^n}\left(1 - \frac{R_0^2}{KX_0^n}\right)^m + \frac{\rho_a X}{(n+1)C\rho_0 t} \tag{3 – 6‴}$$

$$V_R' = -\frac{n(m+1)q_0 R_0}{2\pi KX^{\frac{n}{2}+1}X_0^{\frac{n}{2}}}\left(1 - \frac{R_0^2}{KX_0^n}\right)^m + \frac{n\rho_a \dfrac{R_0}{X_0^{n/2}}X^{\frac{n}{2}}}{2(n+1)C\rho_0 t} \tag{3 – 7″}$$

由式（3-6‴）和式（3-7″）知：颗粒点的速度与起始位置 R_0、X_0 相关。但是，对某颗粒点在整个移动过程中，其垂直下移速度 V_X' 和水平径向速度 V_R' 都只是 X 和 t 的函数。

由以上分析可知：

（1）当研究散体速度场时，必须给出 R 值和 X 值，R 是独立自变量。散体速度场的速度是 t、X、R 的函数。

（2）当研究散体某颗粒时，由于该颗粒点在整个移动过程中必须有 $R^2 = \dfrac{R_0^2}{X_0^n} X^n$，此时的 R 不是独立的自变量，R 随 X 的变化而变化，且可以用 R_0、X_0、X 来代替 R，而 R_0、X_0 对该颗粒点为确定值。因此，在整个移动过程中，颗粒点的速度只是 t 和 X 的函数。

二、加速度的求算

由式（3-6′）和式（3-7′）知：如果速度是 t、X、R 的函数，R、X、t 都是独立自变量，则加速度应按式（3-47）和式（3-48）求算。

$$a_X' = \frac{\mathrm{d}V_X'}{\mathrm{d}t} = \frac{\partial V_X'}{\partial t} + \frac{\partial V_X'}{\partial X}\frac{\mathrm{d}X}{\mathrm{d}t} + \frac{\partial V_X'}{\partial R}\frac{\mathrm{d}R}{\mathrm{d}t} = \frac{\partial V_X'}{\partial t} + \frac{\partial V_X'}{\partial X}V_X' + \frac{\partial V_X'}{\partial R}V_R' \quad (3-47)$$

$$a_R' = \frac{\mathrm{d}V_R'}{\mathrm{d}t} = \frac{\partial V_R'}{\partial t} + \frac{\partial V_R'}{\partial X}\frac{\mathrm{d}X}{\mathrm{d}t} + \frac{\partial V_R'}{\partial R}\frac{\mathrm{d}R}{\mathrm{d}t} = \frac{\partial V_R'}{\partial t} + \frac{\partial V_R'}{\partial X}V_X' + \frac{\partial V_R'}{\partial R}V_R' \quad (3-48)$$

式中 a_X'——实际散体颗粒垂直下移加速度；

a_R'——实际散体颗粒水平径向加速度。

其他符号同前。

研究表明：按式（3-47）和式（3-48）求算加速度将使问题复杂化，对于某颗粒点移动过程中的加速度，将 R 视为独立自变量也是值得研讨的。

根据速度方程分析可知，由于研究的是某颗粒点移动过程的加速度，而该颗粒点在整个移动过程中始终有 $R^2 = \dfrac{R_0^2}{X_0^n} X^n$，且 $\dfrac{R_0^2}{X_0^n}$ 为定值，即对于移动过程中的该颗粒点，R 的变化取决于 R_0、X_0、X，并且可以用 R_0、X_0 和 X 去取代 R。由式（3-6‴）和式（3-7″）知，在整个移动过程中，颗粒点的速度只是时间 t 和垂直坐标值 X 的函数，因此，某颗粒点移动过程中的加速度应按式（3-49）、式（3-50）求算：

$$a_X' = \frac{\mathrm{d}V_X'}{\mathrm{d}t} = \frac{\partial V_X'}{\partial t} + \frac{\partial V_X'}{\partial X}\frac{\mathrm{d}X}{\mathrm{d}t} = \frac{\partial V_X'}{\partial t} + \frac{\partial V_X'}{\partial X}V_X' \quad (3-49)$$

$$a_R' = \frac{\mathrm{d}V_R'}{\mathrm{d}t} = \frac{\partial V_R'}{\partial t} + \frac{\partial V_R'}{\partial X}\frac{\mathrm{d}X}{\mathrm{d}t} = \frac{\partial V_R'}{\partial t} + \frac{\partial V_R'}{\partial X}V_X' \quad (3-50)$$

式（3-49）和式（3-50）为颗粒点移动过程中的加速度计算式。

三、类椭球体放矿理论的加速度方程

1. 实际散体的加速度方程

（1）垂直下移加速度 a'_X。由式（3-49）和式（3-6'''），经运算、变换得：

$$a'_X = \frac{\partial V'_X}{\partial t} + \frac{\partial V'_X}{\partial X} V'_X$$

$$= -\frac{\rho_a X}{(n+1)C\rho_0 t^2} + \left[\frac{n(m+1)q_0}{\pi K X^{n+1}} \left(1 - \frac{R^2}{KX^n} \right)^m + \frac{\rho_a}{(n+1)C\rho_0 t} \right] \cdot$$

$$\left[-\frac{(m+1)q_0}{\pi K X^n} \left(1 - \frac{R^2}{KX^n} \right)^m + \frac{\rho_a X}{(n+1)C\rho_0 t} \right] \qquad (3-51)$$

式（3-51）即为实际散体垂直下移加速度方程。

（2）水平径向加速度 a'_R。由式（3-50）和式（3-7''），经运算、变换得：

$$a'_R = \frac{\partial V'_R}{\partial t} + \frac{\partial V'_R}{\partial X} V'_X$$

$$= -\frac{n\rho_a R}{2(n+1)C\rho_0 t^2} + \left[\frac{n\left(1+\frac{n}{2}\right)(m+1)q_0 R}{2\pi K X^{n+2}} \left(1 - \frac{R^2}{KX^n} \right)^m + \frac{n^2\rho_a R}{4(n+1)C\rho_0 Xt} \right] \cdot$$

$$\left[-\frac{(m+1)q_0}{\pi K X^n} \left(1 - \frac{R^2}{KX^n} \right)^m + \frac{\rho_a X}{(n+1)C\rho_0 t} \right] \qquad (3-52)$$

式（3-52）即为实际散体水平径向加速度方程。

2. 理想散体的加速度方程

（1）垂直下移加速度 a_X。

已知 $\frac{1}{C} = \frac{\eta-1}{\eta}$，当 $\eta=1$ 时，由式（3-51）得：

$$a_X = -\frac{n}{X} \left[\frac{(m+1)q_0}{\pi K X^n} \left(1 - \frac{R^2}{KX^n} \right)^m \right]^2 = -\frac{n}{X} |V_X|^2 \qquad (3-53)$$

式（3-53）即为理想散体垂直下移加速度方程。

（2）水平径向加速度 a_R。

已知 $\frac{1}{C} = \frac{\eta-1}{\eta}$，当 $\eta=1$ 时，由式（3-52）得：

$$a_R = -\frac{n\left(1+\frac{n}{2}\right)R}{2X^2} \left[\frac{(m+1)q_0}{\pi K X^n} \left(1 - \frac{R^2}{KX^n} \right)^m \right]^2 = -\frac{n\left(1+\frac{n}{2}\right)R}{2X^2} |V_X|^2$$

$$= -\frac{n(2+n)R}{4X^2} |V_X|^2 \qquad (3-54)$$

式（3－54）即为理想散体水平径向加速度方程。

四、加速度方程的讨论

根据加速度方程可以得到以下几点认识：

（1）和速度方程一样，加速度方程是根据颗粒点移动过程建立的，此时 R 不是独立变量，而是 R_0、X_0、X 的函数，即 $R = f(R_0, X_0, X)$。当 R 作为独立自变量时，则某颗粒点移动过程的加速度方程就成为散体加速度场的加速度分布方程。

（2）由式（3－51）~式（3－54）知加速度均为负值，负值表示加速度的方向与 X 和 R 的增量方向相反，与速度方向一致。

（3）对于实际散体，由式（3－12）知，在实际散体的瞬时移动边界上 $V'_X = 0$，而由式（3－51）和式（3－52）知，当 $V'_X = 0$ 时，

$$a'_X = -\frac{\rho_a X}{(n+1) C \rho_0 t^2} \tag{3－51'}$$

$$a'_R = -\frac{n \rho_a R}{2(n+1) C \rho_0 t^2} \tag{3－52'}$$

就是说，在瞬时移动边界上，速度为零而加速度不为零，因此瞬时移动边界上的颗粒点即将投入运动。瞬时移动边界是一个暂时的、不断向外扩展的边界。

（4）对于理想散体，由式（3－9）知理想散体的固定移动边界为 $R^2 = KX^n$。在固定移动边界上，$V'_X = 0$。由式（3－53）和式（3－54）知，当 $V'_X = 0$，则 $a_X = 0$，$a_R = 0$。因此固定移动边界上的颗粒点不会投入运动。固定移动边界从运动一开始就是一个永久的固定边界。

（5）由式（3－51）和式（3－52）知，当 $t \to \infty$ 时，式（3－51）变为式（3－53），$a'_X \to a_X$；式（3－52）变为式（3－54），$a'_R \to a_R$。就是说，放出时间无限长时，实际散体的加速度场趋近于理想散体的加速度场。

（6）式（3－51）~式（3－54）是散体场中某颗粒点的加速度计算式，也是散体场中该空间位置的加速度计算式，即散体加速度场分布计算式。对于散体加速度场，R、X、t 是独立的自变量，加速度是 R、X、t 的函数，即 $a'_X = f(R, X, t)$，$a'_R = f(R, X, t)$。

（7）当 R 作为自变量研究散体场时，按式（3－47）和式（3－48）求算，也可以得出与式（3－51）和式（3－52）同样的加速度方程，这证明了类椭球体放矿理论的严密性。

（8）这种理论本身的严密性，也可以在速度方程的建立中表现出来。当 R 作为自变量研究散体场时，已知：

$$Q_f = Q_0 - Q$$

$$Q_f = q_0 t$$

$$Q = \frac{\pi K^{m+1} X^{n(m+1)+1}}{(n+1)(m+1)(KX^n - R^2)^m} \qquad (2-16'')$$

$$R^2 = \frac{R_0^2}{X_0^n} X^n$$

则有：

$$q_0 \mathrm{d}t = -\mathrm{d}Q = -\left(\frac{\partial Q}{\partial X} + \frac{\partial Q}{\partial R}\frac{\mathrm{d}R}{\mathrm{d}X}\right)\mathrm{d}X$$

按上式求算速度 $V_X = \dfrac{\mathrm{d}X}{\mathrm{d}t}$，也能得到与式（3-1'）同样的速度方程。

第五节 类椭球体放矿理论给出的椭球体理论方程

一、椭球体放矿理论评述

类椭球体放矿理论是在研究椭球体放矿理论的基础上创立的，它包含了椭球体放矿理论部分合理的内核，也解决了椭球体放矿理论存在的问题，下面简要介绍椭球体放矿理论的发展与得失。

前苏联学者 Γ. M. 马拉霍夫根据实验承认两个过渡，即放出体过渡和等速体（面）过渡，并在等速面过渡的基础上建立了两个速度方程（考虑二次松散和不考虑二次松散），创立了截头椭球体放矿理论。

B. B. 库里柯夫不提松动椭球体，只承认放出体过渡，建立了速度方程，创立了完整椭球体放矿理论。B. B. 库里柯夫理论是研究理想散体（$\eta=1$）的理论。

刘兴国教授认为 B. B. 库里柯夫的偏心率方程误差较大，引入了平均二次松散系数 η，提出等偏心率完整椭球体理论，建立的速度方程与 Γ. M. 马拉霍夫不考虑二次松散、放出口半径 $r=0$ 的速度方程一致。等偏心率方程未区分理想散体和实际散体。

李荣福教授在实验的基础上建立了幂函数偏心率方程 $1-\varepsilon^2 = KH^{-n_0}$，从而建立了放矿基本规律的统一数学方程，包括了 B. B. 库里柯夫方程和等偏心率方程，也能得出 Γ. M. 马拉霍夫的速度方程（不考虑二次松散）。

在研究椭球体放矿理论过程中，得到以下几点结论：

（1）放矿理论研究必须区分理想散体和实际散体。

（2）放出体过渡原理是放矿理论的重要基础，应进一步研究实际散体的移动过渡方程。

（3）B. B. 库里柯夫方程是理想散体（$\eta=1$）的方程。

（4）由等偏心率方程和统一数学方程建立的速度方程实际是理想散体的速度方程，在这个体系中同时又承认松动椭球体（有二次松散），相互矛盾，混淆不清。

（5）有二次松散时，散体密度场又是均匀场和定常场，与实际不符，与理论相互矛盾。

（6）二次松散在松动体边界上一次瞬时完成的假设违背连续介质假设。

（7）B. B. 库里柯夫方程和统一数学方程在 $\eta = 1$，$r = 0$，$n_0 = 1$ 时有移动边界，其他都没有移动边界（边界为无穷远）。实际和理论研究证明，没有移动边界的理论很难说是描述和研究散体移动规律的理论，而给出的移动边界上速度无确定值（两个值）也违背连续介质假设。

（8）放出体形集中反映了散体移动场的特征，故研究既符合实际又满足理论要求的体形十分重要。

根据以上认识创立的类椭球体放矿理论，解决了椭球体放矿理论存在的问题，包含了统一数学方程 $r = 0$，$n = 1$ 的方程和 B. B. 库里柯夫描述理想散体的合理部分，补充了实际散体（$\eta > 1$）部分。下面介绍类椭球体放矿理论给出的椭球体理论方程。

二、类椭球体放矿理论基本方程

根据第二章、第三章，类椭球体放矿理论的基本方程如下。

1. 移动迹线方程

根据实验得出，松散颗粒的移动迹线方程为：

$$Y^2 + Z^2 = \frac{Y_0^2 + Z_0^2}{X_0^n} X^n \tag{3-55}$$

或

$$R^2 = \frac{R_0^2}{X_0^n} X^n \tag{3-55'}$$

式中　X——垂直坐标；

　　　Y——水平坐标；

　　　R——圆柱面坐标系径向坐标；

　　　n——移动迹线指数，是与放矿条件和散体物料性质有关的实验常数，一般有 $0 \leqslant n \leqslant 2$。该 n 值与椭球体放矿理论 n_0 值的关系为 $n = 2 - n_0$。

2. 放出体母线方程、表面方程、体积方程

根据实验，建立了放出体方程。

（1）母线方程。

$$Y^2 = KX^n \left[1 - \left(\frac{X}{H} \right)^{\frac{n+1}{m}} \right] \tag{3-56}$$

或

$$Y^2 = KH^{-\frac{n+1}{m}} \left(H^{\frac{n+1}{m}} - X^{\frac{n+1}{m}} \right) X^n \tag{3-56'}$$

（2）表面方程。

$$Y^2 + Z^2 = KX^n \left[1 - \left(\frac{X}{H} \right)^{\frac{n+1}{m}} \right] \tag{3-57}$$

或

$$R^2 = KH^{-\frac{n+1}{m}} \left(H^{\frac{n+1}{m}} - X^{\frac{n+1}{m}} \right) X^n \tag{3-57'}$$

（3）体积方程。

$$Q_f = \frac{\pi K}{(n+1)(m+1)} H^{n+1} \tag{3-58}$$

式中　X，Y，Z——散体场中某点的坐标值；

　　　　R——水平径向坐标值（圆柱面坐标系）；

　　　　H——该点相应的放出体高度；

　　K，m——分别为移动边界系数和速度分布指数，与 n 同为实验常数；

　　　　Q_f——放出体体积。

3. 密度方程

理想散体 $\eta = 1$，所以存在：

$$\rho = \rho_a = \rho_0 \tag{3-59}$$

实际散体是根据现有密度研究的成果提出的，类椭球体放矿理论密度方程为：

$$\rho = \rho_0 \left(1 + \alpha \frac{Q}{Q_s} \right)^{\frac{1}{\alpha}} \tag{3-60}$$

$$\rho = \rho_0 \left[1 + \frac{\alpha \pi \rho_a K X^{n+1}}{(n+1)(m+1) \left(1 - \frac{Y^2 + Z^2}{KX^n} \right)^m C \rho_0 q_0 t} \right]^{\frac{1}{\alpha}} \tag{3-60'}$$

式中　α——密度变化系数，是与 ρ_a、ρ_0 有关的常数；

　　　Q——散体场中研究点对应的移动体体积；

　　　Q_s——研究时刻 t 对应的松动体体积。

4. 速度方程

根据移动过渡方程，建立了理想散体的速度方程，研究提出了速度阻滞系数，建立了实际散体的速度方程。

（1）垂直下移速度方程。

$$V'_X = -\frac{(m+1)q_0 \left(1 - \frac{Y^2 + Z^2}{KX^n} \right)^m}{\pi K X^n} + \frac{\rho_a X}{(n+1)C\rho_0 t} \tag{3-61}$$

当 $\eta = 1$ 时，

$$V_X = -\frac{(m+1)q_0 \left(1 - \frac{Y^2 + Z^2}{KX^n} \right)^m}{\pi K X^n} \tag{3-61'}$$

（2）水平径向速度方程。

$$V'_R = -\frac{n(m+1)q_0 R\left(1 - \dfrac{R^2}{KX^n}\right)^m}{2\pi KX^{n+1}} + \frac{n\rho_a R}{2(n+1)C\rho_0 t} \qquad (3-62)$$

当 $\eta = 1$ 时，

$$V_R = -\frac{n(m+1)q_0 R\left(1 - \dfrac{R^2}{KX^n}\right)^m}{2\pi KX^{n+1}} \qquad (3-62')$$

式中 R——散体场中某点的径向值，$R = \sqrt{Y^2 + Z^2}$；

　　q_0——单位时间放出体积，实验证明是与物料性质及放出条件有关的实验常数；

　　ρ_a——静止密度（初始密度）；

　　ρ_0——放出密度；

　　C——速度范围系数，与 ρ_a、ρ_0 有关，实验证明为常数；

V_X，V'_X——分别为理想散体和实际散体的垂直下移速度；

V_R，V'_R——分别为理想散体和实际散体的水平径向速度。

5. 移动方程

（1）根据速度方程进行积分并整理得出类椭球体理论的移动方程为：

$$\left(\frac{t}{t_0}\right)^{\frac{\rho_a}{C\rho_0}} X_0^{n+1} - X^{n+1} = \frac{(n+1)(m+1)q_0}{\pi K}\left(1 - \frac{R_0}{KX_0^n}\right)\left[\frac{t - t_0\left(\dfrac{t}{t_0}\right)^{\frac{\rho_a}{C\rho_0}}}{1 - \dfrac{\rho_a}{C\rho_0}}\right] \qquad (3-63)$$

当 $\eta = 1$ 时，

$$X_0^{n+1} - X^{n+1} = \frac{(n+1)(m+1)}{\pi K}\left(1 - \frac{Y_0^2 + Z_0^2}{KX_0^n}\right)q_0 t \qquad (3-63')$$

式中 R_0，X_0，Y_0，Z_0——颗粒点放出前的坐标（圆柱面或直角）；

　　R，X，Y，Z——放出 t 秒末时刻颗粒点的坐标；

　　t_0——放出开始后，颗粒点开始投入运动的时间，

　　$t_0 = \dfrac{\rho_a Q_0}{C\rho_0 q_0}$。

（2）根据移动过渡方程建立的移动方程为：

$$X^{n+1} = \frac{(1+\alpha)^{1+\frac{1}{\alpha}}(n+1)(m+1)}{\alpha\pi K}\left\{\left[\frac{\rho_a\pi KX_0^{n+1}}{(n+1)(m+1)\left(1 - \dfrac{R_0^2}{KX_0^n}\right)^m \rho_0 q_0 t}\right]^{\frac{\alpha}{1+\alpha}} - 1\right\} \cdot$$

$$\left(1 - \frac{R_0^2}{KX_0^n}\right)^m \frac{\rho_0}{\rho_a} q_0 t \qquad (3-64)$$

当 $\eta = 1$ 时，$\alpha \to \infty$，$\alpha = \alpha + 1$，$(1 + \alpha)^{\frac{1}{\alpha}} = 1$，故：

$$X^{n+1} = X_0^{n+1} - \frac{(n+1)(m+1)}{\pi K}\left(1 - \frac{R_0^2}{KX_0^n}\right)^m q_0 t \tag{$3-64'$}$$

式中 α——密度变化系数，$\rho_a = (1 + \alpha)^{\frac{1}{\alpha}}\rho_0$。

式（$3-63'$）与式（$3-64'$）为同一方程。

6. 放出漏斗方程

根据移动过渡方程建立的放出漏斗方程为：

$$X = {}^{n+1}\!\!\sqrt{\frac{(1+\alpha)(n+1)(m+1)}{\alpha\pi K}\left\{\left[\frac{(1+\alpha)^{\frac{1}{\alpha}}\pi KH_0^{n+1}}{(n+1)(m+1)\left(1 - \frac{R_0^2}{KH_0^n}\right)^m q_0 t}\right]^{\frac{\alpha}{1+\alpha}} - 1\right\}\left(1 - \frac{R_0^2}{KH_0^n}\right)^m q_0 t} \tag{$3-65$}$$

当 $\eta = 1$ 时，经整理变换得：

$$R^2 = \left\{1 - \left[\frac{\pi K(H_0^{n+1} - X^{n+1})}{(n+1)(m+1)q_0 t}\right]^{\frac{1}{m}}\right\}KX^n \tag{$3-65'$}$$

式中 H_0——标记层水平的垂直坐标值。

三、类椭球体放矿理论给出的椭球体放矿理论基本方程

当有约束条件（$n = 1$，$m = 2$）时，类椭球体理论方程变为椭球体放矿理论方程，介绍如下。

1. 移动迹线方程

根据式（$3-55$）和式（$3-55'$），代入 $n = 1$ 可得：

$$Y^2 = \frac{Y_0^2}{X_0}X \tag{$3-66$}$$

或

$$R^2 = \frac{R_0^2}{X_0}X \tag{$3-66'$}$$

2. 放出体方程

根据式（$3-56$）~式（$3-58$），代入 $n = 1$，$m = 2$，得：

（1）母线方程。

$$Y^2 = KH^{-1}(H - X)X \tag{$3-67$}$$

（2）表面方程。

$$Y^2 + Z^2 = KH^{-1}(H - X)X \tag{$3-68$}$$

或

$$R^2 = KH^{-1}(H - X)X \tag{$3-68'$}$$

（3）体积方程。

$$Q_\mathrm{f} = \frac{\pi}{6}KH^2 \qquad (3-69)$$

根据李荣福教授建立的偏心率方程 $1 - \varepsilon^2 = KH^{-n_0}$（式中 $n_0 = 2 - n$），式（3-67）变为：

$$Y^2 = (1 - \varepsilon^2)(H - X)X \qquad (3-67')$$

式（3-67'）是完全的标准椭球体的母线方程。同理，可得完全的标准椭球体的表面方程、体积方程。

因此，当 $n = 1$，$m = 2$ 时，类椭球体理论给出的方程就变为椭球体理论的方程。除以上方程外，还包括以下方程。

3. 密度方程

类椭球体放矿理论的密度方程也适用于椭球体放矿理论，即有：

$\eta = 1$：

$$\rho = \rho_\mathrm{a} = \rho_0 \qquad (3-70)$$

$\eta > 1$：

$$\rho = \rho_0\left(1 + \alpha\frac{Q}{Q_\mathrm{s}}\right)^{\frac{1}{\alpha}} \qquad (3-71)$$

$\eta > 1$：

$$\rho = \rho_0\left[1 + \frac{\alpha\pi\rho_\mathrm{a}KX^2}{6\left(1 - \frac{Y^2 + Z^2}{KX}\right)^2 C\rho_0 q_0 t}\right]^{\frac{1}{\alpha}} \qquad (3-71')$$

4. 速度方程

（1）垂直下移速度方程。

$$V'_X = -\frac{3q_0\left(1 - \frac{Y^2 + Z^2}{KX}\right)^2}{\pi KX} + \frac{\rho_\mathrm{a}X}{2C\rho_0 t} \qquad (3-72)$$

$\eta = 1$ 时：

$$V_X = -\frac{3q_0\left(1 - \frac{Y^2 + Z^2}{KX}\right)^2}{\pi KX} \qquad (3-72')$$

（2）水平径向速度方程。

根据式（3-61）~式（3-62'），代入 $n = 1$，$m = 2$ 得：

$$V'_R = -\frac{3q_0 R\left(1 - \frac{R^2}{KX}\right)^2}{2\pi KX^2} + \frac{\rho_\mathrm{a}R}{4C\rho_0 t} \qquad (3-73)$$

当 $\eta = 1$ 时：

$$V_R = -\frac{3q_0 R\left(1-\dfrac{R^2}{KX}\right)^2}{2\pi KX^2} \tag{3-73'}$$

5. 移动方程

根据式（3-63）~式（3-64'），代入 $n=1$，$m=2$ 得：

$$X_0^2\left(\frac{t}{t_0}\right)^{\frac{\rho_a}{C\rho_0}} - X^2 = \frac{6q_0}{\pi K}\left(1-\frac{Y_0^2+Z_0^2}{KX_0}\right)\left[\frac{t-t_0\left(\dfrac{t}{t_0}\right)^{\frac{\rho_a}{C\rho_0}}}{1-\dfrac{\rho_a}{C\rho_0}}\right] \tag{3-74}$$

根据移动过渡方程建立的移动方程则为：

$$X^2 = \frac{6(1+\alpha)^{1+\frac{1}{\alpha}}}{\alpha\pi K}\left\{\left[\frac{\rho_a\pi KX_0^2}{6\left(1-\dfrac{R_0^2}{KX_0^n}\right)^2\rho_0 q_0 t}\right]^{\frac{\alpha}{1+\alpha}}-1\right\}\left(1-\frac{R_0^2}{KX_0^n}\right)^2\frac{\rho_0}{\rho_a}q_0 t \tag{3-74'}$$

当 $\eta=1$ 时：

$$X_0^2 - X^2 = -\frac{6q_0 t}{\pi K}\left(1-\frac{R^2}{KX}\right) \tag{3-74''}$$

6. 放出漏斗方程

将 $n=1$，$m=2$ 代入式（3-65）和式（3-65'），可得：

$$X = \sqrt{\frac{6(1+\alpha)^{1+\frac{1}{\alpha}}}{\alpha\pi K}\left\{\left[\frac{\rho_a\pi KH_0^2}{6\left(1-\dfrac{R_0^2}{KH_0}\right)^2\rho_0 q_0 t}\right]^{\frac{\alpha}{1+\alpha}}-1\right\}\left(1-\frac{R_0^2}{KH_0}\right)^2\frac{\rho_0}{\rho_a}q_0 t} \tag{3-75}$$

当 $\eta=1$ 时：

$$R^2 = \left\{1-\left[\frac{\pi K(H_0^2-X^2)}{6q_0 t}\right]^{\frac{1}{2}}\right\}KX \tag{3-75'}$$

式（3-64）~式（3-75'）即为类椭球体放矿理论给出的椭球体理论方程。

原有的椭球体放矿理论、B. B. 库里柯夫方程和统一数学方程 $r=0$，$n_0=1$ 的方程与类椭球体放矿理论给出的椭球体理论方程部分一致（$\eta=1$）。其他方程（$\eta>1$）均为椭球体理论的新方程，因此类椭球体理论包含了椭球体理论的合理部分，又增加了新方程，丰富了椭球体放矿理论的内容。

第六节　贫化损失计算

贫化损失计算和矿岩接触面的形状是放矿理论研究中两个值得注意的实际应用问题。

放出漏斗方程给出了水平矿岩接触面及单漏口放矿时放出过程中矿岩接触面的形状。

当初始矿岩接触面形状复杂，或多漏口放矿时，放出漏斗方程不能确定矿岩接触面形状的变化。此时，可将初始矿岩接触面用若干个标志点来表示，应用移动方程求出每个标志点移动后的位置，之后由全部标志点得出移动后的矿岩接触面的形状。

贫化损失与放矿条件相关（如矿岩接触面形状、位置，矿岩性质，采场结构参数，放矿漏口数目及位置等）。矿床开采技术条件的复杂性和采矿方法结构、参数和工艺的多样性，使放矿条件各不相同。一般可通过模拟试验、工业试验并应用理论研究成果确定合理的结构参数并制定出合理的放矿方案和放矿制度，以充分利用资源，减少贫化损失，提高经济效益。而各种放矿条件下，贫化损失基本的计算式是相同的。以下介绍类椭球体放矿理论贫化损失计算的基本参数和部分计算式。

一、基本概念

1. 贫化率和废石混入率

贫化是指矿石品位的降低。通常用贫化率（γ）来表示矿石品位降低的程度。

设采场中工业储量矿石的品位为 a_0，从采场中放出的矿石品位为 a，则有：

$$\gamma = \frac{a_0 - a}{a_0} \times 100\% \tag{3-76}$$

式（3-76）为贫化率基本计算式。

贫化的主要原因是废石的混入。通常用废石混入率（γ_h）来表示放矿过程中废石混入的程度。

设放出矿石重量（放出工业储量矿石量与混入废石量之和）为 Q'_f，放出（混入）废石重量为 Q'_h，则有：

$$\gamma_h = \frac{Q'_h}{Q'_f} \times 100\% \tag{3-77}$$

式（3-77）是废石混入率的基础计算式。

在放矿过程的贫化预测中，计算的贫化率实际是废石混入率，这是因为：（1）放矿理论只能求得放出的废石量和放出的矿岩量，无法预测品位；（2）当不计其他贫化的原因（如高品位矿石的损失等）造成的品位降低，且混入的废石不含品位时，废石混入率与贫化率是相等的。现证明如下：

设从采场中应放出工业储量矿石的金属总量为 $(Q'_f - Q'_h)a_0$，从采场中放出矿石量中的金属总量为 $Q'_f a$，变换整理得：

$$\frac{Q'_h}{Q'_f} = \frac{a_0 - a}{a_0} \tag{3-78}$$

$$\gamma_h = \gamma \tag{3-78'}$$

2. 平均贫化率和瞬间（瞬时）贫化率

设从放出开始经时间 t 放出矿岩的总重量为 Q'_f，放出废石重量为 Q'_h，继续放矿 Δt 时间，放出矿岩重量为 $\Delta Q'_f$，放出废石重量为 $\Delta Q'_h$，则在时间 t 内的累计平均贫化率 γ_p 为：

$$\gamma_p = \frac{Q'_h}{Q'_f} \times 100\% \qquad (3-79)$$

式（3-79）是累计平均贫化率计算式。式（3-79）与式（3-77）相同，即放矿计算的累计平均贫化率就是通常所说的废石混入率。

在时间 Δt 内的当次放矿中，当次平均贫化率 $\Delta\gamma_p$ 为：

$$\Delta\gamma_p = \frac{\Delta Q'_h}{\Delta Q'_f} \times 100\% \qquad (3-80)$$

式（3-80）为当次平均贫化率的计算式。

试验研究表明，放矿过程中贫化程度是不断变化的。累计平均贫化率是放矿过程中贫化程度的累计平均值，不是放出量 Q'_f 值当前的贫化程度。只有知道某时刻对应的放出矿岩量的贫化程度才能确定放矿截止点。

研究还表明，累计放出量 Q'_f 时刻的贫化程度可以近似地用 Q'_f 之后的当次平均贫化率 $\Delta\gamma_p$ 来表示。$\Delta Q'_f$ 越小，$\Delta\gamma_p$ 越接近 Q'_f 时刻的贫化程度。因此，放矿过程中累计放出量为 Q'_f 的瞬间（瞬时）贫化程度是该时刻之后的当次放出量 $\Delta Q'_f$ 无限小时，当次平均贫化率的极限值。我们把 Q'_f 的瞬间（瞬时）贫化程度称为 Q'_f 的瞬间（瞬时）贫化率（γ_s）。

在数学上，瞬时贫化率 γ_s 可表示为：$\gamma_s = \lim_{\Delta Q'_f \to 0} \Delta\gamma_p = \lim_{\Delta Q'_f \to 0} \frac{\Delta Q'_h}{\Delta Q'_f}$，根据微分学可以表达为：

$$\gamma_s = \frac{dQ'_h}{dQ'_f} \times 100\% \qquad (3-81)$$

式（3-81）为瞬间（瞬时）贫化率的计算式。

应当指出，累计放出量 Q'_f 对应两个贫化率：累计平均贫化率和瞬间（瞬时）贫化率。前者是放出 Q'_f 时之前的累计平均贫化程度，后者是放出 Q'_f 时的实际贫化程度。

3. 放矿截止品位和极限贫化率

放矿截止品位也称最低极限品位，它是从该品位矿石得到的经济收益等于放矿、运输、选矿等支付费用时的品位。

如果放出品位高于截止品位，则经济效益大于支付费用，此时盈利。如果停止放矿，则会使可取之利损失掉；如果继续放矿，还可以使总盈利继续增加。

如果放出品位低于截止品位，则经济效益小于支付费用，此时亏损。亏损必然使总盈利减小，因此在收益等于支付费用时就应停止放矿。

应当指出，放出品位和贫化率的概念一样，有累计平均品位、当次平均品位和瞬间（瞬时）品位。

放矿过程中，开始一段时间放出的是纯矿石，其品位为工业储量矿石品位 a_0。当放出体顶点到达矿岩接触面后，开始混入（放出）废石，此后放出的废石量比例逐渐增加，从而放出矿石的平均品位和瞬时品位都逐渐降低，当达到放矿截止品位 a_j 时，则停止放矿。

设放矿截止时，放矿截止品位为 a_j，累计放出矿岩量为 Q'_{fj}，则放矿截止时对应的放出量 Q'_{fj} 的瞬间（瞬时）贫化率（γ_{sj}）按式（3-82）计算：

$$\gamma_{sj} = \frac{a_0 - a_j}{a_0} \times 100\% \qquad (3-82)$$

我们把放矿截止时的放出量 Q'_{fj} 的瞬间（瞬时）贫化率称为极限贫化率（γ_{sj}）。极限贫化率实际是放矿过程中达到截止品位时的瞬间贫化率。

式（3-82）为极限贫化率的计算式，式中 a_0 为工业储量矿石品位。

根据式（3-81），Q'_{fj} 的瞬间贫化率 γ_{sj} 应为式（3-82'）：

$$\gamma_{sj} = \frac{dQ'_{hj}}{dQ'_{fj}} \times 100\% \qquad (3-82')$$

式中 Q'_{hj}——截止放矿时放出矿岩量（重量）；

   Q'_{fj}——截止放矿时放出废石量（重量）。

式（3-82'）也是极限贫化率的计算式。

4. 体积贫化率和重量贫化率

以上介绍的贫化率都是用重量比表示的，称为重量贫化率（γ_z）。贫化率也可以用体积比表示，把用体积比表示的贫化率称为体积贫化率（γ_t）。

设放出矿岩总体积为 Q_f，放出废石体积为 Q_h，则有：

$$\gamma_t = \frac{Q_h}{Q_f} \times 100\% \qquad (3-83)$$

式（3-83）为累计平均体积贫化率计算式。

同理，有：

$$\gamma_{st} = \frac{dQ_h}{dQ_f} \times 100\% \qquad (3-83')$$

式（3-83'）为瞬间（瞬时）体积贫化率计算式。

根据截止品位计算的极限贫化率是重量贫化率。按重量计算出的贫化率，由于容重的原因，使用同一种采矿方法开采不同矿床时的贫化指标可比性差。由于放矿理论计算的放出量均为体积量，因此计算体积贫化率比较简便和准确。

体积贫化率与重量贫化率的换算如下。

设体积贫化率为 γ_t，重量贫化率为 γ_z，放出矿岩体积为 Q_f，放出废石体积为 Q_h，工业储量矿石容重为 d_k，废石容重为 d_h，则有：

$$\gamma_z = \frac{Q'_h}{Q'_f} = \frac{Q_h d_h}{(Q_f - Q_h) d_k + Q_h d_h} = \frac{1}{\left(\dfrac{1}{\gamma_t} - 1\right)\dfrac{d_k}{d_h} + 1} \quad \left(\gamma_t = \frac{Q_h}{Q_f}\right) \quad (3-84)$$

$$\gamma_t = \frac{1}{\left(\dfrac{1}{\gamma_z} - 1\right)\dfrac{d_h}{d_k} + 1} \quad (3-84')$$

式（3-84）和式（3-84'）均为重量贫化率和体积贫化率的换算式。换算式也适用于瞬间贫化率。

应当指出，放出体是放出前的初始位置，因此矿石和废石容重相应应为初始容重。

二、放矿截止品位的确定

放矿截止品位确定的基本原则是截止放矿时达到收支平衡。截止品位可按选矿回收率和尾矿品位计算。我们推荐按尾矿品位计算截止品位。

设精矿品位为 a_g，截止品位为 a_j，尾矿品位为 a_v，1t 截止放矿时的矿石选得的精矿重量为 Q'_g。1t 精矿售价为 j，1t 矿石的放矿、运输、选矿费为 F，1t 矿石的尾矿重量为 $(1 - Q'_g)$，1t 矿石的金属量为 a_j，1t 矿石选矿后的金属量为 $(a_g Q'_g + a_v(1 - Q'_g))$，故有 $a_j = a_g Q'_g + a_v(1 - Q'_g)$，整理得：

$$Q'_g = \frac{a_j - a_v}{a_g - a_v} \quad (3-85)$$

根据收支平衡，放矿截止时应有 $jQ'_g = F$，代入式（3-77），变换整理得：

$$a_j = \frac{F}{j}(a_g - a_v) + a_v \quad (3-86)$$

式（3-86）为截止品位计算式。

应当指出，尾矿品位包括两个部分，其一是矿石结构及选矿工艺条件决定的无法回收的部分，它与入选品位无关；其二是与入选品位及选矿工艺条件有关的部分，但当选矿工艺条件不变，入选品位变动较小时，尾矿品位几乎是不变的，这就提高了按尾矿品位计算截止品位的可靠程度。

还应指出，式（3-86）是按尾矿品位计算截止品位的一般计算式，它是按最终产品精矿建立的，但也适用于最终产品为金属的计算。在计算时，精矿品位应为最终产品金属含量；精矿量应为最终产品量；尾矿品位应为尾渣（尾矿及冶炼渣）品位；尾矿量应为尾渣量；精矿售价应为最终产品售价；支付费用应为放矿、运输、选矿、冶炼费用。

三、类椭球体放矿理论的贫化计算式

如图 3-3 所示，AB 为矿石与废石的水平接触面，H_0 为矿石层高，H 为放出

体 Q_f 的高，Q_f 为放出体体积，Q_h 为放出废石体积。

1. 放出矿岩体积 Q_f

已知放出体表面方程为 $R^2 = KX^n\left[1 - \left(\dfrac{X}{H}\right)^{\frac{n+1}{m}}\right]$，则有：

$$Q_f = \int_0^H \pi KX^n\left[1 - \left(\frac{X}{H}\right)^{\frac{n+1}{m}}\right]dX$$

$$= \int_0^H \frac{\pi K}{n+1}\left[dX^{n+1} - H^{n+1}\left(\frac{X}{H}\right)^{\frac{n+1}{m}}d\left(\frac{X}{H}\right)^{\frac{n+1}{m}}\right]$$

$$= \frac{\pi K}{n+1}\left[X^{n+1} - \frac{m}{m+1}H^{n+1}\left(\frac{X}{H}\right)^{\frac{(n+1)(m+1)}{m}}\right]\Big|_0^H$$

$$= \frac{\pi K}{(n+1)(m+1)}H^{n+1} \qquad\qquad (3-87)$$

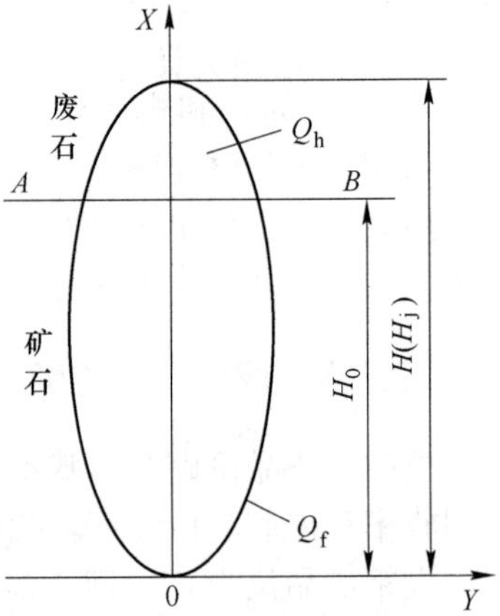

2. 放出废石体积

$$Q_h = \int_{H_0}^H \frac{\pi K}{n+1}X^n\left[1 - \left(\frac{X}{H}\right)^{\frac{n+1}{m}}\right]dX$$

$$= \frac{\pi K}{n+1}\left[X^{n+1} - \frac{m}{m+1}H^{n+1}\left(\frac{X}{H}\right)^{\frac{(n+1)(m+1)}{m}}\right]\Big|_{H_0}^H$$

$$= \frac{\pi K}{(n+1)(m+1)}H^{n+1} - \frac{\pi K}{n+1}H_0^{n+1} + \frac{\pi Km}{(n+1)(m+1)}H^{n+1}\left(\frac{H_0}{H}\right)^{\frac{(n+1)(m+1)}{m}}$$

$$(3-87')$$

图 3-3　水平接触面贫化计算图

3. 累计平均体积贫化率 γ_t

$$\gamma_t = \frac{Q_h}{Q_f} = 1 - (m+1)\left(\frac{H_0}{H}\right)^{n+1} + m\left(\frac{H_0}{H}\right)^{\frac{(n+1)(m+1)}{m}} \qquad (3-88)$$

式(3-88)为类椭球体放矿理论的累计平均体积贫化率计算式。

4. Q_f 的瞬间(瞬时)贫化率 γ_s

$$\gamma_s = \frac{dQ_h}{dQ_f} = \frac{\dfrac{\pi K}{m+1}H^n - \dfrac{\pi K}{m+1}H_0^{\frac{(n+1)(m+1)}{m}}H^{-\frac{n+1+m}{m}}}{\dfrac{\pi K}{m+1}H^n} = 1 - \left(\frac{H_0}{H}\right)^{\frac{(n+1)(m+1)}{m}} \qquad (3-89)$$

式(3-89)为放出矿岩体积 Q_f 时的瞬间贫化率计算式。

5. 类椭球体放矿理论给出的椭球体放矿理论贫化计算式

当 $m=2$，$n=1$ 时类椭球体放矿理论给出了椭球体理论方程，此时的累计平均贫化率 γ_p 和瞬间贫化率 γ_s 如下。

当 $m=2$，$n=1$ 时，由式(3-88)和式(3-89)得：

$$\gamma_p = 1 - 3\left(\frac{H_0}{H}\right)^2 + 2\left(\frac{H_0}{H}\right)^3 \qquad (3-88')$$

$$\gamma_s = 1 - \left(\frac{H_0}{H}\right)^3 \tag{3-89'}$$

式（3-88'）和式（3-89'）分别为椭球体放矿理论的累计平均（体积）贫化率和瞬时（体积）贫化率计算式。计算式与椭球体放矿理论建立的水平接触面计算式相同。

四、贫化损失计算

1. 单漏口水平接触面贫化损失计算

单漏口水平接触面贫化计算如图3-3所示。

（1）计算截止品位 a_j。根据式（3-85）计算截止品位 a_j：

$$a_j = \frac{F}{j}(a_g - a_v) + a_v$$

（2）计算重量极限贫化率 γ_{sjz}。由式（3-82）知：

$$\gamma_{sjz} = \frac{a_0 - a_j}{a_0}$$

（3）计算体积极限贫化率 γ_{sjt}。由式（3-83'）知：

$$\gamma_{sjt} = \frac{1}{\left(\frac{1}{\gamma_{sjz}} - 1\right)\frac{d_h}{d_k} + 1}$$

（4）计算放矿截止时放出体积 Q_{fj} 和放出体高度 H_j。放出矿岩体积 Q_f 的瞬间贫化率（体积）等于体积极限贫化率 γ_{sjt} 时，即为放矿截止时放出体体积 Q_{fj}。设 Q_{fj} 的高为 H_j，由式（3-81）知 $\gamma_{sjt} = \dfrac{dQ_{hj}}{dQ_{fj}}$，由式（3-81）有：

$$\gamma_{sjt} = 1 - \left(\frac{H_0}{H_j}\right)^{\frac{(n+1)(m+1)}{m}}$$

整理后得：

$$H_j = \frac{H_0}{(1 - \gamma_{sjt})^{\frac{m}{(n+1)(m+1)}}} \tag{3-90}$$

式（3-90）为放矿截止时放出矿岩体积 Q_{fj} 的高的计算式。由式（3-86）则得：

$$Q_{fj} = \frac{\pi K}{(n+1)(m+1)} H_j^{n+1} \tag{3-91}$$

式（3-91）为放矿截止时放出体体积 Q_{fj} 的计算式。

（5）计算累计平均体积贫化率 γ_{tj}。由式（3-88）知：

$$\gamma_{tj} = 1 - (m+1)\left(\frac{H_0}{H_j}\right)^{n+1} + m\left(\frac{H_0}{H_j}\right)^{\frac{(n+1)(m+1)}{m}} \tag{3-92}$$

式（3-92）为放矿截止时的累计平均体积贫化率的计算式。

（6）计算损失率 q。设漏口分担应放的水平面积为 S，则应放的矿石体积 Q_y 为：

$$Q_y = SH_0 \qquad (3-93)$$

应当指出，与 Q_{fj} 相适应的漏口负担面积 S 应使放出体 Q_{fj} 的水平投影在 S 范围内。投影超出范围，损失率计算无意义。S 值确定如下：

放出体 Q_{fj} 表面方程为 $R_j^2 = KX^n \left[1 - \left(\dfrac{X}{H_j} \right)^{\frac{n+1}{m}} \right]$，由 R_j 的极大值 R_{jm} 在

$X = \left(\dfrac{mn}{mn+n+1} \right)^{\frac{m}{n+1}} H_j$ 处，故得：

$$R_{jm}^2 = \frac{K(n+1)}{mn+n+1} \left(\frac{mn}{mn+n+1} \right)^{\frac{mn}{n+1}} H_j^n \qquad (3-93')$$

设 S 边界上任意点至放出漏口中心距离为 L_s，故有：

$$L_s \geqslant R_{jm} \qquad (3-93'')$$

当漏口负担面积 S 满足式（3-93″）时，损失率计算才有意义。

设实际放出的矿石体积为 Q_s，则有 $Q_s = Q_f - Q_h$，由式（3-86）和式（3-87）得：

$$Q_s = \frac{\pi K}{n+1} H_0^{n+1} - \frac{\pi Km}{(n+1)(m+1)} H_j^{n+1} \left(\frac{H_0}{H_j} \right)^{\frac{(n+1)(m+1)}{m}} \qquad (3-94)$$

损失的矿石体积为 Q_q：

$$Q_q = Q_y - Q_s \qquad (3-94')$$

损失率 $q = \dfrac{Q_q}{Q_y} = 1 - \dfrac{Q_s}{Q_y}$，代入式（3-93）、式（3-94）得：

$$q = 1 - \frac{1}{SH_0} \left[\frac{\pi K}{n+1} H_0^{n+1} - \frac{\pi Km}{(n+1)(m+1)} H_j^{n+1} \left(\frac{H_0}{H_j} \right)^{\frac{(n+1)(m+1)}{m}} \right] \qquad (3-95)$$

式（3-95）为放矿截止时的损失率计算式。

（7）纯矿石回收率 ω_c。当矿石层高为 H_0 时，高为 H_0 的放出体 Q_{H_0} 放出的为纯矿石。

由式（3-86）知：

$$Q_{H_0} = \frac{\pi K}{(n+1)(m+1)} H_0^{n+1}$$

则纯矿石回收率为：

$$\omega_c = \frac{Q_{H_0}}{Q_y} = \frac{\pi K}{(n+1)(m+1)} \frac{H_0^n}{S} \qquad (3-96)$$

2. 多漏口水平接触面贫化损失计算

多漏口水平接触面贫化计算如图 3-4 所示。

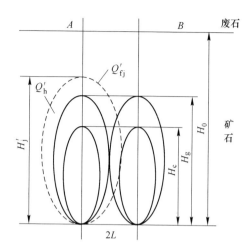

图 3 - 4　多漏口水平接触面贫化计算图

Г. M. 马拉霍夫的研究结果表明，多漏口放矿时，制定合理的放矿制度，可保持水平接触面 AB 水平下降，直至贫化开始高度 H_c 水平。贫化开始高度 H_c 是极限高度 H_g 的 0.75 倍。极限高度 H_g 是与相邻漏斗同高的放出体相切的放出体高度。这一实验结果使多漏口水平接触面贫化计算可简化为单漏口的贫化损失计算。

（1）极限高度 H_g 计算。设漏斗间距为 $2L$。由式（2 - 17）知，R 的极大值在 $X = \left(\dfrac{mn}{mn + n + 1} \right)^{\frac{m}{n+1}} H$ 处取得，根据 $R^2 = KX^n \left[1 - \left(\dfrac{X}{H} \right)^{\frac{m}{m}} \right]$ 得：

$$L^2 = K \left(\frac{mn}{mn + n + 1} \right)^{\frac{mn}{n+1}} \frac{(n + 1)}{mn + n + 1} H_g^n$$

$$H_g = \left\{ L^2 \Big/ \left[K \left(\frac{mn}{mn + n + 1} \right)^{\frac{mn}{n+1}} \frac{(n + 1)}{mn + n + 1} \right] \right\}^{\frac{1}{n}} \qquad (3 - 97)$$

（2）贫化开始高度 H_c。

$$H_c = 0.75 H_g \qquad (3 - 98)$$

（3）贫化开始高度 H_c 以上的放出量 Q_c。

$$Q_c = 4L_0^2 (H_0 - H_c) \qquad (3 - 99)$$

式中　Q_c——纯矿石放出量。

（4）贫化开始高度 H_c 对应的放矿截止时的放出矿岩体积 Q'_{fj} 及放出体 Q'_{fj} 的高 H'_j。

由式（3 - 90）知：

$$H'_j = \frac{H_c}{(1 - \gamma_{sjt})^{\frac{m}{(n+1)(m+1)}}} \qquad (3 - 100)$$

γ_{sjt} 根据 a_j 和 γ_{sjz} 计算，与单漏口计算相同。

$$Q'_{fj} = \frac{\pi K}{(n+1)(m+1)}(H'_j)^{n+1}$$

（5）放出废石体积。

$$Q'_h = \frac{\pi K}{(n+1)(m+1)}H'_j - \frac{\pi K}{n+1}H_c^{n+1} + \frac{\pi Km}{(n+1)(m+1)}(H'_j)^{n+1}\left(\frac{H_c}{H'_j}\right)^{\frac{(n+1)(m+1)}{m}}$$

$$(3-101)$$

（6）累计平均体积贫化率 γ'_{tj}。

$$\gamma'_{tj} = \frac{Q'_h}{Q_c + Q'_f} \qquad (3-102)$$

（7）损失率 q'。损失矿石体积 $Q'_q = Q'_{yc} - Q'_s$，贫化开始高度 H_c 后实际放出矿石量 Q'_s 为：

$$Q'_s = Q'_{fj} - Q'_{hj}$$

由式（3-92）知：

$$Q'_s = \frac{\pi K}{n+1}H_c^{n+1} - \frac{\pi Km}{(n+1)(m+1)}(H'_j)^{n+1}\left(\frac{H_c}{H'_j}\right)^{\frac{(n+1)(m+1)}{m}} \qquad (3-103)$$

贫化开始高度 H_c 水平以下，漏斗应放出矿石量 $Q'_{yc} = 4L^2 H_c$，漏口应承担放矿量 Q'_y 为：

$$Q'_y = 4L^2 H_0 \qquad (3-104)$$

$$q' = \frac{Q'_q}{Q'_y} \qquad (3-105)$$

（8）纯矿石回收率 ω'_c。

$$\omega'_c = \frac{4L^2(H_0 - H_c) + \frac{\pi K}{(n+1)(m+1)}H_c^{n+1}}{4L^2 H_0} \qquad (3-106)$$

应当指出，当 $H_0 > H_c$ 时，矿岩接触面能保持水平下降是由于相邻漏斗相互影响，颗粒（矿岩块）参与本漏口和相邻漏口运动，造成颗粒下向移动叠加的结果。若 $H_0 \leqslant H_c$，则无移动叠加，与单漏口放矿相同。因此，当 $H_0 > H_c$ 时按多漏口计算贫化损失，当 $H_0 \leqslant H_c$ 时按单漏口计算贫化损失。

放矿的贫化损失计算十分复杂，以上仅给出一些基本计算式和计算思路，实际计算应结合放矿试验进行。但以上思路及基本计算式有较大的参考价值。

第四章　散体连续性方程

放矿理论如果作为研究总结或近似计算，它只需要接受实际的检验，如果要真正上升为理论，则必须接受实际和理论的双重检验，就是说它既要符合实际，又要遵守理论要求。

放矿理论是研究散体流动规律的理论。我们知道，散体具有双重性，即既有固体的不流动性，又有液体的流动性，或者说在一定条件下散体具有部分流动性。例如，在散体底部如果打开放出口，则放出口上部移动范围的散体将会流动（移动），但无论如何放出，甚至将放出口上部放空，放出口周围的散体仍然不动，即散体流动时，在散体中存在一个静止边界（移动边界），边界内的散体流动，边界外的散体静止不动。液体则不然，如果打开液体底部的放出口，液体一定会全部投入流动，直至全部流空，即液体中不存在流动边界。

作为连续介质研究的散体，在流动中它和液体一样必须遵守一般连续性方程的要求。这是散体作为连续介质移动（流动）时，保持连续性，遵守质量守恒定律的条件。但散体移动与液体不同，散体移动时在散体中存在着移动边界。由于移动边界的存在，在单位高度移动范围内，散体既无径向流入，也无径向流出，这时散体还要满足的特殊连续性方程的要求。同时，在移动范围内各水平垂直方向的散体质量通过量应满足质量通量要求，以保持散体的连续流动。一般连续性检验、特殊连续性检验和质量通量检验是放矿理论必须通过的三个根本的理论检验。一般连续性检验是连续介质（气体、液体、散体）流动必须满足的理论检验，特殊连续性检验和质量通量检验是作为连续性介质的散体特别应该满足的理论检验。

第一节　一般连续性方程

一、一般连续性方程的建立

如图 4-1 所示，在圆柱面坐标系中，取由空间点组成的固定不动的体积元，$ABCD$ 和 $EFGH$ 为切向垂直面，$ABGF$ 和 $DCHE$ 为水平面。设 ρ 为散体的密度，V_R 为径向水平移动速度，V_X 为垂直下移速度，无切向移动。

对上述控制面，用欧拉观点推导连续性方程。首先计算通过体积元表面的散体质量和单位时间内流出散体和流入散体的代数和。

在 X 轴方向，单位时间内垂直向下通过表面 $CDEH$ 的散体质量为

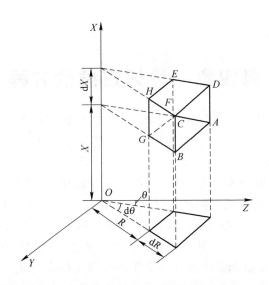

图 4-1 圆柱面坐标系中的体积元

$\left(\rho V_X + \dfrac{\partial \rho V_X}{\partial X} \mathrm{d}X\right) R \mathrm{d}\theta \mathrm{d}R$，通过表面 $ABGF$ 的散体质量为 $\rho V_X R \mathrm{d}\theta \mathrm{d}R$，在 X 轴方向，通过体积元的散体质量为 $\dfrac{\partial \rho V_X}{\partial X} \mathrm{d}X R \mathrm{d}\theta \mathrm{d}R$。

在 R 轴方向，单位时间内径向通过表面 $ABCD$ 的散体质量为 $\left(\rho V_R + \dfrac{\partial \rho V_R}{\partial R} \mathrm{d}R\right)(R + \mathrm{d}R) \mathrm{d}\theta \mathrm{d}X$，经整理并略去高阶微量得 $\rho V_R R \mathrm{d}\theta \mathrm{d}X + \left(\rho V_R + R \dfrac{\partial \rho V_R}{\partial R}\right) \mathrm{d}R \mathrm{d}\theta \mathrm{d}X$，通过表面 $EFGH$ 的散体质量为 $\rho V_R R \mathrm{d}\theta \mathrm{d}X$，在 R 轴方向，通过体积元的散体质量为 $\left(\dfrac{\rho V_R}{R} + \dfrac{\partial \rho V_R}{\partial R}\right) R \mathrm{d}R \mathrm{d}\theta \mathrm{d}X$。

通过体积元的散体质量总和为 $\dfrac{\partial \rho V_X}{\partial X} R \mathrm{d}R \mathrm{d}\theta \mathrm{d}X + \left(\dfrac{\rho V_R}{R} + \dfrac{\partial \rho V_R}{\partial R}\right) R \mathrm{d}R \mathrm{d}\theta \mathrm{d}X$。

同时，由于密度变化，体积元中单位时间内散体质量将减少 $-\dfrac{\partial \rho}{\partial t} R \mathrm{d}R \mathrm{d}\theta \mathrm{d}X$。根据质量守恒定律，流出体积元的散体质量应等于体积元内质量的减少，故：

$$\frac{\partial \rho}{\partial t} R \mathrm{d}\theta \mathrm{d}X \mathrm{d}R + \left[\frac{\partial \rho V_X}{\partial X} + \left(\frac{\rho V_R}{R} + \frac{\partial \rho V_R}{\partial R}\right)\right] R \mathrm{d}\theta \mathrm{d}X \mathrm{d}R = 0$$

整理后得：

$$\frac{\partial \rho}{\partial t} + \frac{\rho V_R}{R} + \frac{\partial(\rho V_R)}{\partial R} + \frac{\partial(\rho V_X)}{\partial X} = 0 \tag{4-1}$$

式中 ρ——散体的密度，$\rho = f(x, R, t)$；

t——时间；

V_X——垂直下移速度，$V_X = F_1(x, R, t)$；

V_R——水平径向移动速度，$V_R = F_2(x, R, t)$；

X, R——圆柱面坐标系的垂直和水平径向坐标。

将圆柱面坐标系中的连续性方程式（4-1）写成矢量形式：

$$\frac{\partial \rho}{\partial t} + \text{div}(\rho V) = 0 \qquad (4-2)$$

式中　$\dfrac{\partial \rho}{\partial t}$——单位体积内由于密度场不定常性引起的质量变化；

$\text{div}(\rho V)$——流出单位体积的散体质量。

式（4-1）和式（4-2）为一般情况下散体移动的连续性方程。

由一般连续性方程的构建过程可知，满足一般连续性方程即遵守质量守恒定律。

二、连续性方程的适用条件

上面建立的散体连续性方程在各种条件下都普遍适用，现根据平均二次松散系数 η 分为两种情况进行讨论。

1. 理想散体（$\eta = 1$）

当 $\eta = 1$ 时，假定散体装填时各处密度都相同，由于无二次松散现象发生，则放出散体的密度场可以视为均匀场和定常场，即 ρ = 常数，$\dfrac{\partial \rho}{\partial t} = 0$。

在这种条件下，连续性方程式（4-1）变为：

$$\frac{V_R}{R} + \frac{\partial V_R}{\partial R} + \frac{\partial V_X}{\partial X} = 0 \qquad (4-3)$$

用矢量形式表示为：

$$\text{div} V = 0 \qquad (4-4)$$

式（4-3）、式（4-4）是理想散体（$\eta = 1$）必须满足的连续性方程，是式（4-1）连续性方程的特殊方程。

理想散体（$\eta = 1$）的速度场是一个非均匀场和定常场，密度场是均匀场和定常场，因此，采用式（4-3）、式（4-4）进行连续流动的理论检验。

2. 实际散体（$\eta > 1$）

实际散体（$\eta > 1$）的速度场和密度场为非均匀场和不定常场，必须用式（4-1）、式（4-2）去进行连续流动的理论检验。

三、连续性方程在放矿理论检验中的应用讨论

1. 类椭球体放矿理论

类椭球体放矿理论区分了理想散体（$\eta = 1$）和实际散体（$\eta > 1$），因此，可

以按连续性方程的适用条件来进行连续流动的理论检验。

类椭球体放矿理论给出的椭球体理论（$n=1$，$m=2$ 时），也区分了理想散体（$\eta=1$）和实际散体（$\eta>1$），因此，可以按连续性方程的适用条件来进行连续流动的理论检验。

2. 放出体过渡的椭球体理论

放出体过渡的椭球体理论未区分理想散体（$\eta=1$）和实际散体（$\eta>1$），用 η 笼统表示密度变化，并假设密度变化在开始运动时一次完成，这个假设违背了连续介质假说。

它承认二次松散，承认松动椭球体，看似研究的是实际散体，但它用一个不符合实际又违背连续介质假说的边界上二次松散（密度变化）一次瞬时完成的错误假说，把实际散体人为地变为密度不发生变化的散体，这个错误假说本身就使连续性检验变得毫无意义。椭球体理论的速度方程与时间无关。如果一定要检验，只是对速度方程的适合性检验，即看它是否可作为 $\eta=1$ 的速度方程。

B. B. 库里柯夫理论不提松动椭球体，他研究的是理想散体，适用理想散体的连续性方程检验。

3. 等速面过渡的椭球体理论

等速度面过渡的放矿理论给出了两个速度方程，可以认为一个是理想散体的速度方程，一个是实际散体的速度方程。理想速度方程与统一数学方程 $\eta=1$，$n=0$，$r\neq0$ 基本一致，由于无密度变化函数对实际的速度方程无法检验，可以检验理想速度方程的适合性。

4. 随机介质放矿理论

随机介质放矿理论与放出体过渡的椭球体理论一样，未区分理想散体和实际散体。它承认二次松散和松动椭球体，看似研究的是实际散体；它用 η 笼统地表示密度变化，并用一个不符合实际又违背连续介质假说的边界上二次松散（密度变化）一次瞬时完成的错误假设，把松动范围内（不包括松动体边界）变为理想散体的密度场，并建立了一个与时间无关的速度方程。如果一定要检验，只能是速度方程的适合性检验。作为试验的经验公式是可行的，要上升为理论公式还应进一步研究。

第二节　特殊连续性方程

一、特殊连续性方程检验的必要性

散体连续流动性检验的特殊连续性方程及检验是由李荣福和邵必林率先提出和建立的。

一般连续性方程是所有连续介质流动（移动）时必须满足的，气体、液体、散体都适用。反过来说，能通过一般连续性方程检验的速度方程和密度方程，不一定就是描述散体流动（移动）规律的速度方程和密度方程。也就是说，对散体流动（移动）过程进行一般连续性方程检验是必要的，但它不是唯一的。散体流动与气体、液体流动的不同之处是其具有部分流动性，即散体流动时散体中存在移动（流动）带和静止带，并有明确的移动边界。因此，散体除采用一般连续性方程检验外，还应进行只有散体应满足的特殊连续性方程检验。

二、散体特殊连续性方程的建立

体积元与移动范围如图 4-2 所示。

根据图 4-1 和第一节可知，在 R 轴方向通过单位体积元的散体质量为 $\left(\dfrac{\rho V_R}{R} + \dfrac{\partial \rho V_R}{\partial R}\right)$，在 X 轴方向通过单位体积元的散体质量为 $\dfrac{\partial \rho V_X}{\partial X}$，同时，由于密度变化，单位体积元中单位时间内散体质量将减少 $-\dfrac{\partial \rho}{\partial t}$。

如图 4-3 所示，在移动带中 R 处取一宽 $\mathrm{d}R$ 的圆环，圆环厚为 $\mathrm{d}X$。由于移动范围是旋转对称的，根据速度方程和密度方程，圆环中各处的 ρ、V_X、V_R 可认为是不变的。现研究 R 方向圆环中质量的流通情况。

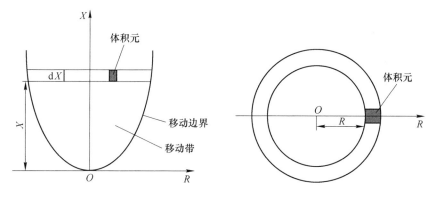

图 4-2　体积元与移动范围示意图　　　图 4-3　体积元与圆环示意图

在 R 轴方向，通过圆环的散体质量为：

$$\left(\frac{\rho V_R}{R} + \frac{\partial \rho V_R}{\partial R}\right)2\pi R\mathrm{d}R\mathrm{d}X = \frac{\partial(\rho V_R R)}{\partial R}2\pi\mathrm{d}R\mathrm{d}X$$

单位高度圆环内散体质量通量为 $\dfrac{\partial(\rho V_R R)}{\partial R}2\pi\mathrm{d}R$，单位高度移动范围内径向通过的散体质量为：

$$\Delta m_R = \int_0^{R_s} \frac{\partial(\rho V_R R)}{\partial R} 2\pi \mathrm{d}R = 2\pi \rho_{R_s} V_{R_s} R_s$$

对于散体，由于存在移动（静止）边界，单位高度移动范围内，在 R 轴方向既无径向流入也无径向流出，即 $\Delta m_R = 0$，故有：

$$\int_0^{R_s} \frac{\partial(\rho V_R R)}{\partial R} \mathrm{d}R = 0 \qquad (4-5)$$

或

$$\rho_{R_s} V_{R_s} R_s = 0 \qquad (4-5')$$

式中　R_s——移动边界在 X 处的径向坐标值；

$\quad\quad V_{R_s}$——移动边界在 X 处的速度值；

$\quad\quad \rho_{R_s}$——移动边界在 X 处的密度值。

式（4-5）和式（4-5'）即为散体移动特殊连续性方程。

当 $\eta = 1$ 时，ρ 为常数，故式（4-5）和式（4-5'）变为：

$$\int_0^{R_s} \frac{\partial(V_R R)}{\partial R} \mathrm{d}R = 0 \qquad (4-6)$$

或

$$V_{R_s} R_s = 0 \qquad (4-7)$$

式（4-6）和式（4-7）即为理想散体的特殊连续性方程。

由特殊连续性方程的构建可知：存在移动边界，在单位高度移动范围内，径向质量流量总量为零是散体保持连续性流动、区别于其他流体的必要条件。

三、特殊连续性方程的讨论

根据特殊连续性方程可以看出：

（1）在移动范围内，水平径向移动是调整散体径向分布，以保持散体连续性。

（2）特殊连续性方程是散体移动有别于气体、液体流动之处，它是散体移动存在移动边界和部分流动性的反映。

（3）散体移动必须满足一般连续性方程和特殊连续性方程的要求。

（4）满足一般连续性方程的速度方程和密度方程不一定是描述散体移动规律的方程。只有既满足一般连续性方程，又满足特殊连续性方程的速度方程和密度方程才是描述散体移动规律的方程。

（5）式（4-5）和式（4-5'）、式（4-6）和式（4-7）是一致的，检验其中一个即可。

（6）该方程建立的前提：散体是连续介质；研究范围是完全封闭的，其内无其他散体源，也无任何其他流入或流出途径。

第三节　散体移动连续性方程的体积表达式

第一节介绍了在圆柱面坐标系中散体连续性方程的质量表达式，本节介绍在直角坐标系中散体连续性方程的体积表达式。

一、散体连续性方程（质量表达式）其他形式

第一节根据质量守恒定律，用欧拉方法建立了散体移动一般连续性方程式（4-1）：

$$\frac{\partial \rho}{\partial t} + \frac{\rho V_R}{R} + \frac{\partial(\rho V_R)}{\partial R} + \frac{\partial(\rho V_X)}{\partial X} = 0 \tag{4-1}$$

式（4-1）可用散度和梯度表示为：

$$\frac{\partial \rho}{\partial t} + \mathrm{div}(\rho \cdot V) = 0 \tag{4-8}$$

$$\frac{\partial \rho}{\partial t} + \mathrm{grad}(\rho \cdot V) + \rho \mathrm{div} V = 0 \tag{4-9}$$

式（4-8）和式（4-9）在直角坐标系中可表达为：

$$\frac{\partial \rho}{\partial t} + \frac{\partial(\rho V_x)}{\partial x} + \frac{\partial(\rho V_y)}{\partial y} + \frac{\partial(\rho V_z)}{\partial z} = 0 \tag{4-10}$$

$$\frac{\partial \rho}{\partial t} + \left(\frac{\partial \rho}{\partial x} V_x + \frac{\partial \rho}{\partial y} V_y + \frac{\partial \rho}{\partial z} V_z \right) + \rho \left(\frac{\partial V_x}{\partial x} + \frac{\partial V_y}{\partial y} + \frac{\partial V_z}{\partial z} \right) = 0 \tag{4-11}$$

式中　　$\dfrac{\partial \rho}{\partial t}$——由于场的不定常性引起的密度变化，称为密度的就地导数或局部导数，表示单位时间体积元内由于密度场的不定常性引起的质量变化；

$\mathrm{div}(\rho \cdot V)$——$\rho \cdot V$ 的散度，单位时间流出单位体积元表面的散体质量；

$\rho \mathrm{div} V$——密度 ρ 与速度散度之积，密度为 ρ 时，单位时间流出单位体积元表面的散体质量；

$\mathrm{grad}(\rho \cdot V)$——由于场的不均匀性引起的密度变化，称为密度的位变导数或对流导数，表示由于密度场的不均匀性引起的密度变化；

x, y, z——直角坐标系坐标；

V_x, V_y, V_z——x，y，z 坐标方向的分速度。

式（4-1）、式（4-8）~式（4-11）均为散体移动连续性方程（质量表达式）。该方程在放矿理论的检验中得到普遍承认和应用。该方程与流体力学的连

续性方程也完全一致，为了加深认识，下面讨论散体一般连续性方程的体积表达式。

二、散体移动连续性方程（体积表达式）

利用拉格朗日方法在直角坐标系中建立散体移动连续性方程（体积表达式）。

如图 4 - 4 所示，在散体中取一散体体积元 $ABCDEFGH$，其体积为 $dxdydz$，密度为 ρ，由于散体场为不定常场和不均匀场，在移动过程中该体积元的体积将膨胀（或收缩），密度将变小（或变大），且该散体体积元四周是严格封闭的，既无散体质点流出也无散体质点流入，散体体积元中质量不变，故在移动过程中严格遵守质量守恒定律。设该体积元质量为 M，则有：

$$M = \rho dxdydz \tag{4-12}$$

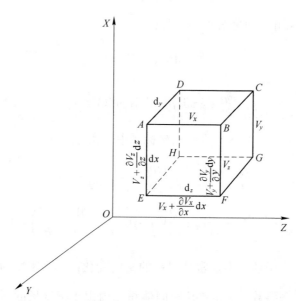

图 4 - 4 散体体积元

根据质量守恒定律，在 dt 时间内散体体积元内的质量不变，即有：

$$\frac{dM}{dt} = 0 \tag{4-13}$$

将式（4 - 12）代入式（4 - 13），经变换整理得：

$$\frac{d\rho}{\rho dt} + \frac{d(dxdydz)}{dxdydzdt} = 0 \tag{4-14}$$

式中 $\dfrac{d\rho}{\rho dt}$——相对密度变化率，表示单位时间单位体积元散体内引发密度变化所需的体积变化量；

$\dfrac{\mathrm{d}(\mathrm{d}x\mathrm{d}y\mathrm{d}z)}{\mathrm{d}x\mathrm{d}y\mathrm{d}z\mathrm{d}t}$——相对体积变化率，表示单位时间单位体积元散体因速度变化而

造成的体积变化量；

$\dfrac{\mathrm{d}\rho}{\mathrm{d}t}$——密度的惰体导数，表示场的不均匀性和不定常性引起的密度变

化，是总密度变化。惰体导数是就地导数与位变导数之和。

现研究散体体积元的体积变化量 $\mathrm{d}(\mathrm{d}x\mathrm{d}y\mathrm{d}z)$。

如图 4-4 所示，在 X 轴方向，表面 $ABCD$ 经 $\mathrm{d}t$ 时间后移动 $V_x\mathrm{d}t$，表面 $EFGH$ 经 $\mathrm{d}t$ 时间后移动 $\left(V_x+\dfrac{\partial V_x}{\partial x}\mathrm{d}x\right)\mathrm{d}t$，因此，在 X 轴方向略去高阶微量，经 $\mathrm{d}t$ 时间后，体积增大 $\dfrac{\partial V_x}{\partial x}\mathrm{d}x\mathrm{d}t\mathrm{d}y\mathrm{d}z$。同理，在 Y 方向体积增大 $\dfrac{\partial V_y}{\partial y}\mathrm{d}y\mathrm{d}t\mathrm{d}x\mathrm{d}z$；在 Z 轴方向体积增大 $\dfrac{\partial V_z}{\partial z}\mathrm{d}z\mathrm{d}t\mathrm{d}x\mathrm{d}y$。故有：

$$\mathrm{d}(\mathrm{d}x\mathrm{d}y\mathrm{d}z)=\left(\frac{\partial V_x}{\partial X}+\frac{\partial V_y}{\partial Y}+\frac{\partial V_z}{\partial Z}\right)\mathrm{d}x\mathrm{d}y\mathrm{d}z\mathrm{d}t \qquad (4-15)$$

将式（4-15）代入式（4-14）整理得：

$$\frac{\mathrm{d}\rho}{\rho\mathrm{d}t}+\left(\frac{\partial V_x}{\partial X}+\frac{\partial V_y}{\partial Y}+\frac{\partial V_z}{\partial Z}\right)=0 \qquad (4-16)$$

根据散度在直角坐标系的表达式可写为：

$$\frac{\mathrm{d}\rho}{\rho\mathrm{d}t}+\mathrm{div}V=0 \qquad (4-17)$$

式中 $\mathrm{div}V$——速度的散度，表示单位时间单位体积元散体因速度变化而造成的体积变化量。

式（4-16）和式（4-17）均为散体移动连续性方程（体积表达式）。

三、散体移动连续性方程的唯一性

散体移动连续性方程（质量表达式）和散体移动连续性方程（体积表达式）本质上是同一方程，只是表达式形式不同。

将式（4-16）中的 $\dfrac{\mathrm{d}\rho}{\mathrm{d}t}$ 进行运算，整理后得

$$\frac{1}{\rho}\left(\frac{\partial\rho}{\partial t}+\frac{\partial\rho}{\partial x}V_x+\frac{\partial\rho}{\partial y}V_y+\frac{\partial\rho}{\partial z}V_z\right)+\frac{\partial V_x}{\partial x}+\frac{\partial V_y}{\partial y}+\frac{\partial V_z}{\partial z}=0 \qquad (4-18)$$

$$\frac{1}{\rho}\left[\frac{\partial\rho}{\partial t}+\frac{\partial(\rho V_x)}{\partial x}+\frac{\partial(\rho V_y)}{\partial y}+\frac{\partial(\rho V_z)}{\partial z}\right]=0 \qquad (4-19)$$

已知 $\rho\neq0$，式（4-19）乘以 ρ 得式（4-10）或式（4-11），即散体移动连续性方程（质量表达式），故散体移动连续性方程是唯一的，仅是表达式不

同。主要表现为:

(1)质量表达式除以 ρ 则得体积表达式。

(2)无论用欧拉方法还是用拉格朗日方法都能得到相同的散体移动连续性方程,只不过欧拉方法表达的散体移动连续性方程(质量表达式)比较方便,而拉格朗日方法表达的散体移动连续方程(体积表达式)更为直观。

四、移动散体体积互等原理

采用欧拉方法和拉格朗日方法,由于研究的着眼点不同,因此移动散体体积互等原理的各自表达也不同。

1. 欧拉方法的表达

将式(4-9)进行变换整理后得:

$$-\frac{\partial\rho}{\rho\partial t} = \frac{1}{\rho}\mathrm{grad}(\rho \cdot V) + \mathrm{div}V \tag{4-20}$$

式(4-20)即为欧拉观点的移动散体体积互等原理。

在散体场中,单位时间、单位体积元散体内,由于密度场的不定常性引起质量变化,相应的体积的负值等于由于速度变化单位时间流出的单位体积元空间的质量相应的体积与由于密度场的不均匀性引起的单位时间、单位体积元空间质量变化相应的体积之和。

2. 拉格朗日方法的表达

将式(4-17)变换得:

$$-\frac{\mathrm{d}\rho}{\rho\mathrm{d}t} = \mathrm{div}V \tag{4-21}$$

式(4-21)即为拉格朗日观点的移动散体体积互等原理。

在散体中,单位时间单位体积元散体内,由于密度场的不定常性和不均匀性引起密度变化所需的体积变化量的负值,等于单位时间单位体积元散体因速度变化而造成的体积变化量。

无论欧拉方法还是拉格朗日方法对移动散体体积互等原理的表达式都可以得出以下结论:

(1)它是由散体移动连续性方程变换而来的,因此,可以认为是散体移动连续性方程的另一种表达方式。

(2)它和散体连续性方程一样,严格遵守质量守恒定律。体积互等原理是根据质量守恒定律衍生出来的。

(3)它是质量不变(或互等)时用同一密度去量度的结果,就是说有的体积量不是实际体积量而是换算体积量,移动散体体积互等原理严格地说应称作移动散体换算体积互等原理。

第四节　散体质量通量的计算

一、散体质量通量的实验基础

散体质量通量是指在散体的移动范围内，通过任意水平（坐标值为 X 的水平面）的散体质量。

研究表明，理想散体与实际散体同一水平的散体质量通量是不同的。但在理论放出口，无论是理想散体还是实际散体，单位时间的放出量为一常数（$\rho_0 q_0$）是放矿研究最基本的认识。

理想散体没有二次松散（$\eta = 1$），要保持散体流动的连续性，不出现空洞或压实，则移动范围内不同水平的散体质量通量都应相等，且都等于放出口放出的散体质量 $\rho_0 q_0$。

实际散体有二次松散（$\eta > 1$），松散使每个水平的散体质量通量都发生变化。就同一时刻而言，在理论放出口的散体质量通量为 $\rho_0 q_0$。随着 X 水平坐标值的增加，质量通量逐渐减小，在松动体顶点水平质量通量等于零。就同一水平（X 值一定）而言，随着时间 t 的增大，该水平的质量通量不断增大，并且逐渐趋近 $\rho_0 q_0$，当 $t \to \infty$ 时，则质量通量 $\to \rho_0 q_0$。在理论放出口，无论 t 如何变化，质量通量都等于 $\rho_0 q_0$。

由以上分析可以看出，散体质量通量及其变化反映了散体移动场在宏观上、总体上遵守质量守恒定律，保持散体流动的连续性。

二、散体质量通量方程的建立

由图 4 – 1 及第一节可知，在 X 轴方向通过体积元 *ABCDEFGH* 在 X 水平处的 *ABGF* 表面的散体质量为 $\rho V_X R \mathrm{d}\theta \mathrm{d}R$。由于散体移动范围是旋转对称的，因此容易计算出移动范围内通过 X 水平的散体质量 m_x。

当 $\eta > 1$ 时：

$$m_X = \int_0^{R_s} \int_0^{2\pi} \rho V_X R \mathrm{d}\theta \mathrm{d}R = 2\pi \int_0^{R_s} \rho V_X R \mathrm{d}R \qquad (4-22)$$

式（4 – 22）即为实际散体质量通量方程。

当 $\eta = 1$ 时，$\rho = \rho_0 =$ 常数，则：

$$m_X = 2\pi\rho \int_0^{R_s} V_X R \mathrm{d}R \qquad (4-22')$$

式（4 – 22′）为理想散体质量通量方程。

不同的放矿理论，垂直下移速度方程（V_X）和密度方程（ρ）不同，将 V_X、ρ 值代入式（4 – 22）或式（4 – 22′）即可计算出该放矿理论的质量通量。

第五章　放矿理论的检验

目前，已知的放矿理论主要是连续介质放矿理论。

连续介质放矿理论是把散体颗粒抽象为一个一个连续分布的质点，散体由连续分布的散体质点组成，散体质点所具有的宏观物理量（如速度、质量、密度、力等）满足一切应该遵循的物理性质或物理定律（如散体的物理力学性质、牛顿定律、质量守恒定律等）。而各宏观物理量及其相互关系和有关物理常数则由实验确定。也就是说，在实验的基础上以连续介质模型来建立放矿理论。

连续介质放矿理论模型建立的主要依据是：

（1）放矿理论主要研究松散矿岩整体的宏观特性，注重统计平均值。

（2）矿岩体（散体）的尺寸远远大于松散颗粒的直径和间隙尺寸，从宏观上把散体看作由质点组成的连续体，研究中不会造成大的误差。

（3）模型能保持松散矿岩的全部特性，又使质点受力、运动速度、密度等都是空间坐标位置和时间的连续函数，为利用强有力的数学分析工具提供了条件。

由以上依据可以看出，连续介质放矿理论是研究具有散体基本特性的连续介质放出规律的理论。即放矿理论的内容既要反应散体的基本特性，满足连续介质的基本要求；同时又要符合一般的物理规律。因此检验或评价一个放矿理论是否完备，应该看该理论是否反映了散体放出的基本特点、符合散体的基本性质、满足连续介质的基本要求和一般的物理规律。

目前比较成熟的放矿理论主要有椭球体放矿理论、随机介质放矿理论和类椭球体放矿理论。

椭球体放矿理论建立时没有明确把松散介质作为连续介质，但它给出的速度场公式实质上只适用于连续介质，继续研究椭球体放矿理论的学者则明确宣称松散介质为连续介质。

类椭球体放矿理论"将散体视为连续介质，即将散体颗粒抽象为质点，散体移动场具有连续流动场的基本特征"作为该理论建立的首要依据。

随机介质放矿理论是"将散体简化为连续流动的随机介质，运用概率论方法研究散体移动过程而形成的理论体系"。我们认为随机介质放矿理论仅仅是把散体颗粒视为随机移动的连续介质放矿理论，主要理由如下：

（1）随机介质放矿理论建立的模型确实是离散型的，即把散体视为一个一个方格（立方块或球体）组成，具有离散介质的特点，但是在理论体系的建立过程中，研究者"设方格尺寸足够小，把由方格分割的介质视为连续介质"。

（2）随机介质放矿理论建立时得出的每个方格的移动概率也是离散型的概率函数，但是在理论体系的建立过程中，研究者用连续型的概率密度函数代替了离散型的概率函数，这实质上是把离散型的概率分布变为连续性的概率密度分布，而概率密度分布只适用于连续介质。

（3）随机介质放矿理论在建立过程中大量使用了数学分析手段，而这些手段只有在连续介质中才能使用。

（4）有的随机介质放矿理论的水平径向速度就是根据垂直下移速度和连续性方程得到的。

综上所述，随机介质放矿理论本质上仍然是连续介质放矿理论，它必须接受连续介质放矿理论的全部检验。

本章的放矿理论检验，只讨论连续介质放矿理论的检验。检验必须有一个标准，下面首先研究放矿理论检验标准。

第一节　放矿理论检验标准

众所周知，一个完备的理论必须通过理论和实践两方面的检验。"实践是检验真理的唯一标准"，放矿实验得出的基本性质和结果是放矿理论检验的首要内容，这是放矿理论描述的散体移动规律的实际基础检验。散体移动规律还应遵循基本的物理定律，其中遵守质量守恒定律是描述散体移动规律的放矿理论是否完备的重要标准，这是放矿理论的理论检验，是对放矿理论描述的散体移动规律应满足自然界有关普遍规律的共性检验。

我们经过分析研究，根据散体性质和放矿理论提出了连续介质放矿理论应进行的六个检验：放出体形检验、移动边界检验、散体场检验、一般连续性检验、特殊连续性检验和质量通量检验。

一、放出体形状检验

放出体形状是放矿理论首先必须回答的问题，也是放矿理论建立的重要基础。因为放出体形状集中反映了散体移动场的特征。一个失真的放出体形状，不但使放矿理论揭示的移动场与实际移动场不一致，而且还会出现无法克服的理论上的矛盾。实验证明放出体形检验必须满足：

（1）放出体是一个截头的近似的椭球体（类椭球体）。

（2）放出体在不同的放矿条件下表现为上大下小、上小下大、上下比较接近等形状变化。

（3）截头是放出口造成的，应给出放出口的速度分布及各点通过放出口的位置。

放出体形检验从本质上说是放矿理论与实际（实验）的符合性检验。

二、移动边界检验

移动边界检验是确定研究对象是否是散体的检验，实验与理论研究表明，散体移动和液体流动的一个重要区别是流动（移动）范围不同。当放出口位于流动（移动）场的最下部时，场内的液体能全部投入运动并全部被放出；而场内的散体只有部分投入运动和放出，另一部分则静止不动，存留场中。换句话说，散体移动和液体流动的最重要区别在于：散体放出时，散体中存在一个移动边界；而液体流动时，液体中没有流动边界。可见，散体场中存在移动边界是散体区别于液体的主要标志。放矿理论研究的对象是散体，因此移动边界是检验研究对象是否是散体的重要标志。

研究表明，一个完备的放矿理论，必须在散体场中给出固定移动边界（$\eta = 1$）或瞬时移动边界和极限移动边界（$\eta > 1$）。不能在散体场中给出移动边界的放矿理论，很难说它是描述散体移动规律的理论。

移动边界检验的内容是：

（1）能给出移动边界方程。移动边界上任意点的速度为一确定值，并且为零，不为零则不是移动边界，没有确定值则不连续。

（2）能给出移动边界上任意点的密度为一确定值，并且为静止密度（初始密度）。

（3）在不同条件下能给出不同的移动边界：$\eta = 1$ 时应有固定移动边界，$\eta > 1$ 时应有瞬时移动边界和极限移动边界，而且 $\eta = 1$ 时的固定移动边界就是 $\eta > 1$ 的极限移动边界。

（4）$\eta = 1$ 时给出的固定移动边界方程应是移动迹线方程的特殊方程。这也是松散介质力学理论的结论。

移动边界检验从本质上说是研究对象检验，散体移动与流体流动的根本区别就是散体移动时，散体中存在确定的移动边界。

三、散体密度场和速度场的检验

连续介质放矿理论是把散体作为连续介质来研究的放矿理论，而连续介质就要求描述它的任意一个特征量（密度、速度、力）都必须连续（包括在介质内部的某界面上——如散体中的移动边界），连续是散体场必备的前提条件。散体场检验就是要检验放矿理论建立的速度方程和密度方程是否与实际散体场相符，以及速度函数和密度函数在散体场中是否连续，这是散体场是否与实际相符以及放矿理论表达的研究对象是否是连续介质的前提条件检验。

实验证明对散体场应作如下检验：

（1）放矿理论应能区分理想散体（$\eta = 1$）和实际散体（$\eta > 1$），并给出不同的速度和密度函数。

（2）理想散体的速度场在移动带内是定常场和非均匀场，移动带外是定常场和均匀场；密度场在整个散体场中（移动带和静止带）均为密度相同的均匀场和定常场。

（3）实际散体的速度场和密度场在移动带内均为非均匀场和不定常场，而在移动带外均为均匀场和定常场。

（4）速度函数和密度函数是连续函数。特别是在移动边界上必须连续（无间断点、有确定函数值等）。

（5）在放出开始时，理想散体移动场中所有颗粒立即同时投入运动，实际散体移动场是逐渐扩大的，颗粒也是逐次投入运动的，不同位置，滞后时间不同。

散体密度场和速度场检验实际是速度函数和密度函数及其连续性的检验。

四、一般连续性方程检验

一般连续性方程检验也可称为散体移动连续性一般方程检验。一般连续性方程是流体流动和散体移动保持连续性的必要条件。

由第四章可知，在圆柱坐标系中散体一般连续性方程表达为：

$$\frac{\partial \rho}{\partial t} + \frac{\rho V_R}{R} + \frac{\partial (\rho \cdot V_R)}{\partial R} + \frac{\partial (\rho \cdot V_X)}{\partial X} = 0 \tag{5-1}$$

式中　ρ——散体场的密度函数；

　　　V_X——散体场的垂直速度函数；

　　　V_R——散体场的径向速度函数；

　X，R——圆柱面坐标系的垂直和径向坐标；

　　　t——时间。

将圆柱面坐标系中的方程式（5-1）写成矢量形式为：

$$\frac{\partial \rho}{\partial t} + \mathrm{div}(\rho \cdot V) = 0 \tag{5-2}$$

式中　　　$\dfrac{\partial \rho}{\partial t}$——单位体积内由密度场不定常性引起的质量变化；

　$\mathrm{div}(\rho \cdot V)$——流出单位体积表面的散体质量。

由于式（5-1）和式（5-2）是流体（液体、气体）流动和散体移动（流动）都必须满足的连续性方程，故把它称为一般连续性方程。

当散体密度场为定常场和均匀场时（即 $\rho = $ 常数时），则式（5-1）变为：

$$\frac{V_R}{R} + \frac{\partial V_R}{\partial R} + \frac{\partial V_X}{\partial X} = 0 \tag{5-3}$$

式（5-2）变为：

$$\mathrm{div}V = 0 \tag{5-4}$$

式（5-3）和式（5-4）为散体密度场为定常场和均匀场时（$\eta = 1$）应遵守的连续性方程。

连续流动检验的基本内容就是放矿理论建立的方程（速度方程、密度方程）必须满足一般连续性方程。

连续性方程是质量守恒定律在散体移动场中的数学表达式，不满足连续性方程的放矿理论是违背质量守恒定律的理论，这种理论是错误的，起码是不完备的理论。可见一般连续流动检验是放矿理论必不可少的检验，是遵守质量守恒定律的必要条件检验，流体、散体无一例外。

一般连续性方程检验是检验放矿理论给出的速度方程和密度方程是否满足一般连续性方程的检验，也可以认为是在质量守恒的前提下，散体介质保持连续介质的检验。

五、特殊连续性方程检验

特殊连续性方程检验是散体特别应该满足的检验。这是因为满足一般连续性方程的速度场和密度场不一定是散体的速度场和密度场，还可能是流体（液体、气体）的速度场和密度场。只有满足一般连续性方程又满足特殊连续性方程的速度场和密度场才是描述散体移动规律的速度场和密度场。这是散体部分流动性决定的，它表明了散体流动的双重性，既有别于液体，也有别于固体。所以对于散体只进行一般连续性方程检验是不够的，还必须进行散体应满足的特殊连续性方程检验。

对于散体，由于移动（静止）边界的存在，在 R 轴（水平）方向既无水平径向流入也无水平径向流出，因此特殊连续性方程检验的内容是，单位高度移动范围内水平径向通过的散体质量总和为零。

由第四章可知，在圆柱坐标系中，散体流动特殊连续性方程的表达式为：

$$\int_0^{R_\mathrm{s}} \left(\frac{V_R \rho}{R} + \frac{\partial V_R \rho}{\partial R} \right) 2\pi R \mathrm{d}R = 0 \tag{5-5}$$

或

$$\rho_{R_\mathrm{s}} V_{R_\mathrm{s}} R_\mathrm{s} = 0 \tag{5-6}$$

式（5-5）和式（5-6）为 $\eta > 1$ 时的特殊连续方程。
当 $\eta = 1$ 时，有：

$$\int_0^{R_\mathrm{s}} \frac{\partial (V_R R)}{\partial R} \mathrm{d}R = 0 \tag{5-7}$$

或

$$V_{R_\mathrm{s}} R_\mathrm{s} = 0 \tag{5-8}$$

式（5－7）和式（5－8）为理想散体的特殊连续方程。

特殊连续性方程检验是检验单位高度移动（流动）范围内任意水平径向通过的质量总数量（质量通量）。它是移动范围内遵守质量守恒定律的宏观检验，或者说是一种积分形式的检验。

特殊连续性检验的内容是散体移动范围内任意水平径向通过的质量总数量为零，即应满足散体特殊连续性方程。

特殊连续性检验是散体移动有别于流体，保持散体特殊连续性的检验。

六、散体质量通量检验

散体质量通量检验实际上是一种积分形式的移动连续性检验。

1. 理想散体

理想散体移动范围是不变的，移动范围内各处密度均相等，也不随时间变化，即密度场为均匀场和定常场。因此，保持移动连续性的必要条件是在移动范围内通过任意水平的质量通量都相同，否则密度将发生变化或出现空隙（不连续）。

由第四章可知，理想散体的质量通量方程为：

$$m_X = 2\pi\rho\int_0^{R_s} V_X R\mathrm{d}R \tag{5-9}$$

理想散体质量通量检验的内容为任意水平质量通量都相等，且与水平的坐标位置无关。

理想散体质量通量检验应满足以下方程：

$$m_X = 2\pi\rho\int_0^{R_s} V_X R\mathrm{d}R = -\rho_0 q_0 \tag{5-10}$$

2. 实际散体

实际散体移动范围是随时间变化的，移动范围内各处密度不相同，且随时间变化，即密度场是非均匀场和不定常场。由于密度的变化（二次松散）使水平的质量通量逐渐减小。

由第四章可知，实际散体的质量通量方程为：

$$m_X = 2\pi\int_0^{R_s} \rho V_X R\mathrm{d}R \tag{5-11}$$

实际散体质量通量检验的内容是：

（1）在放出口水平（$X=0$）质量通量为 $-\rho_0 q_0$。

（2）在松动体顶点水平（$X=H_s$）质量通量为零。

（3）质量通量随垂直坐标 X 值的增大逐渐减小。

质量通量检验实际是从整体看保持散体介质连续性，满足质量守恒定律的检验。

第二节 椭球体放矿理论简介

连续介质放矿理论主要有类椭球体放矿理论、椭球体放矿理论、随机介质放矿理论。本节对椭球体放矿理论作简要介绍，以便进行检验。

一、等速体过渡的椭球体放矿理论

1. 主要观点

等速体过渡理论是前苏联学者 Г. М. 马拉霍夫教授创立的。它的主要观点如下：

（1）单位时间放出量为一常数。

（2）放出体是一个截头的旋转椭球体。

（3）放出体（移动体）之间存在过渡关系，放出体表面颗粒相关关系保持不变，且同时到达放出口。

（4）放出体的偏心率是放矿高度的函数，当放出高度与放出口直径之比不变时偏心率为常数。

（5）等速度体（面）也是一个截头的旋转椭球体（表面），等速度表面也存在过渡关系。

（6）等速度体的偏心率与等速度体的高度无关，是一个常数。

（7）散体放出时在散体中形成松动体，松动体的形状也是一个截头的旋转椭球体。

（8）松动椭球体的体积和放出椭球体的体积成正比，并大约等于 15 倍。

2. 等速体过渡理论的基本方程

（1）放出体和等速度表面方程：

$$Y^2 + Z^2 = (1 - \varepsilon^2)(H - X)\left[X + \frac{r^2}{H(1 - \varepsilon^2)}\right] \qquad (5-12)$$

或

$$R^2 = (1 - \varepsilon^2)(H - X)\left[X + \frac{r^2}{H(1 - \varepsilon^2)}\right] \qquad (5-12')$$

式中 r——放出口半径；

ε——偏心率；

H——放出高度；

X, Y, Z——任一点的坐标值。

（2）放出体体积方程：

$$Q = \frac{\pi}{6}H^3(1 - \varepsilon^2) + \frac{\pi}{2}r^2 H \qquad (5-13)$$

（3）速度方程。流动轴上的颗粒下降速度为：

$$V_H = \frac{V_P}{2(1-\varepsilon^2)\dfrac{H^2}{d^2} + 0.5} \qquad (5-14)$$

或

$$V_H = \frac{S_0 V_P}{\dfrac{\pi}{2}h^2(1-\varepsilon^2) + 0.5\pi r^2} \qquad (5-14')$$

式中　V_H——流动轴 OX 上任意高度的颗粒下降速度；

　　　r——放出口半径，$S_0 = \pi r^2$；

　　　V_P——放出口的平均流速；

　　　d——放出口直径。

（4）考虑阻滞现象时的颗粒垂直下移速度方程：

$$V'_H = \eta' V_H \qquad (5-15)$$

式中　V'_H——有二次松散时 OX 流轴上任意高度颗粒的下移速度；

　　　V_H——流动轴 OX 上任意高度的颗粒下降速度；

　　　η'——减速系数，$\eta' = \sqrt[3]{\eta - \dfrac{Q_s}{Q}(\eta - 1)}$；

　　　η——平均二次松散系数；

　　　Q_s——松动体体积；

　　　Q——颗粒点所在移动体表面对应的体积。

（5）移动迹线方程。Γ. M. 马拉霍夫认为移动迹线是抛物线，其方程为：

$$Y^2 = \frac{Y_0^2}{X_0}X \qquad (5-16)$$

二、放出体过渡的椭球体放矿理论

1. 放出体过渡理论的回顾

放出体过渡的椭球体放矿理论是由前苏联学者 B. B. 库里柯夫创立的，他通过实验认为只存在一个过渡——放出体过渡，并于 1965 年、1972 年、1980 年三次撰写专著，创立了基于放出体过渡的椭球体放矿理论。

刘兴国教授分析了 Γ. M. 马拉霍夫理论和 B. B. 库里柯夫理论的不足，于 1979 年发表了《崩落采矿法放矿时矿岩移动的基本规律》一文，提出了放出体过渡的等偏心率椭球体放矿理论，并于 1981 年撰写了《崩落采矿法放矿理论基础》教材，完成了等偏心率理论的构建。

1983 年李荣福教授通过实验建立了符合实际的偏心率方程 $1 - \varepsilon^2 = K_0 H^{-n_0}$，发表了《放矿基本规律的统一数学方程》一文，提出了放出体过渡理论的统一数学方程。之所以称为"统一数学方程"是因为"统一数学方程"是截头的椭球体理论，并能满足：

（1）当 $r = 0$ 时即可给出完全椭球体理论。

（2）当 $r = 0$，$n_0 = 1$ 时，统一数学方程能给出 B. B. 库里柯夫方程。

（3）当 $r = 0$，$n_0 = 0$ 时，统一数学方程能给出等偏心率方程。

（4）当 $r \neq 0$，$n_0 = 0$ 时，统一数学方程能给出 Γ. M. 马拉霍夫的方程。

1995 年刘兴国主编的高等学校教学用书《放矿理论基础》在基本的放矿理论方面放弃了等偏心率理论，而采用了 $r = 0$ 时的统一数学方程。

2. 放出体过渡放矿理论的主要观点

放出体过渡放矿理论的主要观点如下：

（1）单位时间放出量为一常数。

（2）放出体是一个截头的旋转椭球体。

（3）放出体（移动体）之间存在过渡关系，放出体表面颗粒相关关系保持不变（$\frac{X}{H} = \frac{X_0}{H_0}$），且同时到达放出口，满足移动过渡方程。

（4）放出体偏心率是放出高度的函数。

（5）散体放出时在散体中形成松动体，松动体的形状也是一个截头的旋转椭球体。

（6）当放出体是椭球体时，等速度面是存在的，但它不是一个椭球体表面，也不存在过渡关系。

（7）松动范围系数 $C = \frac{Q_s}{Q}$ 是与放矿条件和散体性质相关的实验常数。

3. 放出体过渡放矿理论的基本方程

（1）B. B. 库里柯夫放矿理论的方程。B. B. 库里柯夫是放出体过渡理论的创立者，他首先建立了放出体过渡的椭球体理论方程。他没有研究二次松散和松动椭球体，因此他的方程可以认为是研究理想散体的方程。

1）偏心率方程。B. B. 库里柯夫实验得出的偏心率方程为 $m_0^2 = \frac{H}{2P} + K'$，但他认为 K' 可以忽略，建立的偏心率方程为：

$$m_0^2 = \frac{H}{2P} \qquad (5-17)$$

式（5-17）中 m_0 为椭球体长半轴与短半轴之比，用偏心率 ε 替换可表达为：

$$1 - \varepsilon^2 = 2PH^{-1} \qquad (5-17')$$

或按统一数学方程（以下均按统一数学方程表达，用 $2P$ 替换 K_0 得原方程）表达为：

$$1 - \varepsilon^2 = K_0 H^{-1} \qquad (5-17'')$$

2）放出体母线方程：

$$Y^2 = K_0 X - K_0 H^{-1} X^2 \tag{5-18}$$

$$Y^2 = K_0 X - \frac{K_0 X^2}{H} \tag{5-18'}$$

3）放出体方程：

$$Q_f = \frac{\pi}{6} K_0 H^2 \tag{5-19}$$

4）移动迹线方程：

$$Y^2 = \frac{Y_0^2}{X_0} X \tag{5-20}$$

5）移动规律基本方程：

$$X = \sqrt{X_0^2 - \frac{6 Q_f X_0^2}{\pi K_0 H_0^2}} \tag{5-21}$$

$$X = \sqrt{X_0^2 - \frac{6 Q_f (K_0 X_0 - Y_0^2)^2}{\pi K_0^3 X_0^2}} \tag{5-21'}$$

$$X = \sqrt{X_0^2 - \frac{6 q_0 t \left(1 - \dfrac{Y_0^2}{K_0 X_0}\right)^2}{\pi K_0}} \tag{5-21''}$$

6）垂直下移速度方程。由移动过渡方程得：

$$V_X = -\frac{3 q_0 X}{\pi K_0 H^2} \tag{5-22}$$

$$V_X = -\frac{3 q_0 (K_0 X - Y^2)^2}{\pi K_0^3 X^3} \tag{5-22'}$$

$$V_R = -\frac{3 q_0 \left(1 - \dfrac{Y^2}{K_0 X}\right)^2 R}{2 \pi K_0 X^2} \tag{5-22''}$$

式（5-22）、式（5-22'）、式（5-22″）均为垂直下移速度方程。

（2）等偏心率放矿理论方程。刘兴国教授（1979 年）认为 B. B. 库里柯夫将 $m_0^2 = \dfrac{H}{2P} + K'$ 舍去 K' 后，$m_0^2 = \dfrac{H}{2P}$ 误差太大，且只有偏心率为常数才能避免移动迹线与椭球体表面过渡理论的矛盾，故提出了等偏心率放矿理论，并引入了平均二次松散系数，建立了等偏心率放矿理论方程。

1）偏心率方程（以下均按统一数学方程表达，用 $1 - \varepsilon^2$ 替换 K_0 得原方程）：

$$1 - \varepsilon^2 = K_0 \tag{5-23}$$

2）放出体母线方程：

$$Y^2 = K_0 (H - X) X \tag{5-24}$$

3）放出体方程：

$$Q_f = \frac{\pi}{6} K_0 H^3 \tag{5-25}$$

4）移动迹线方程：

$$Y = \frac{Y_0}{X_0} X \tag{5-26}$$

5）移动规律基本方程：

$$X = \sqrt[3]{\eta X_0^3 - \frac{6\eta Q_f X_0^3}{\pi K_0 H^3}} \tag{5-27}$$

$$X = \sqrt[3]{\eta X_0^3 - \frac{6K_0^2 q_0 t}{\pi \left(\frac{Y_0^2}{X_0^2} + K\right)^3 X_0^3}} \tag{5-28}$$

6）移动速度方程：

垂直下移速度：

$$V_X = -\frac{2qX}{\pi K_0 H^3} \tag{5-29}$$

水平径向速度：

$$V_Y = -\frac{2Y}{\pi K_0 H^3} \tag{5-29'}$$

（3）放矿规律的统一数学方程。放矿规律的统一数学方程是由李荣福教授提出来的，他在 B. B. 库里柯夫、刘兴国等研究成果的基础上，经过实验研究，提出了偏心率方程，并承认放出体截头，进而建立了统一数学方程。

1）偏心率方程。经过多种类型曲线的拟合，统一数学方程推荐采用的偏心率方程为：

$$1 - \varepsilon^2 = K_0 h_f^{-n_0} \tag{5-30}$$

式中　ε——偏心率；

　　　h_f——放出高度；

　　　n_0——移动迹线指数；

　　　K_0——移动边界系数。

2）放出体母线方程：

$$Y^2 = (1 - \varepsilon^2)(h_f - X)\left[X + \frac{r^2}{h_f(1 - \varepsilon^2)}\right] \tag{5-31}$$

$$Y^2 = K_0 h_f^{-n_0}(h_f - X)\left(X + \frac{r^2}{K_0 h_f^{1-n_0}}\right) \tag{5-31'}$$

3）体积方程：

$$Q_f = \frac{\pi}{6}(1 - \varepsilon^2) h_f^3 + \frac{\pi}{2} r^2 h_f \qquad (5-32)$$

$$Q_f = \frac{\pi}{6} K_0 h_f^{3-n_0} + \frac{\pi}{2} r^2 h_f \qquad (5-32')$$

式中　Q_f——放出体体积；

　　　r——放出口半径。

4）移动迹线方程。

$$Y^2 = \frac{K_0 \dfrac{X_0^{n_0}}{h_0^{n_0}} X^{2-n_0} + \dfrac{X_0}{h_0} r^2}{K_0 \dfrac{X_0^{n_0}}{h_0^{n_0}} X_0^{2-n_0} + \dfrac{X_0}{h_0} r^2} Y_0^2 \qquad (5-33)$$

式中　X_0, Y_0, h_0——颗粒移动前坐标及所在移动体顶点高度；

　　　X, Y, h——颗粒移动体坐标及所在移动体顶点高度。

5）移动速度方程。流轴 OX 上颗粒的垂直下移速度：

$$V_h = -\frac{q}{\dfrac{\pi}{6}(3 - n_0) K_0 h^{2-n_0} + \dfrac{\pi}{2} r^2} \qquad (5-34)$$

任意颗粒的垂直下移速度：

$$V_X = -\frac{qX}{\dfrac{\pi}{6}(3 - n_0) K_0 h^{3-n_0} + \dfrac{\pi}{2} r^2 h} \qquad (5-35)$$

（4）放矿基本规律统一数学方程的简化。

条件一：当 $r = 0$ 时，给出了目前广泛应用的椭球体放矿理论方程。

1）偏心率方程：

$$1 - \varepsilon^2 = K_0 H^{-n_0} \qquad (5-36)$$

式中　H——放出体高度。

2）放出体母线方程：

$$Y^2 = K_0 H^{-n_0}(H - X) X \qquad (5-37)$$

3）体积方程：

$$Q_f = \frac{\pi}{6} K_0 H^{3-n_0} \qquad (5-38)$$

4）移动迹线方程：

$$Y^2 = \frac{X^{2-n_0}}{X_0^{2-n_0}} Y_0^2 \qquad (5-39)$$

5）垂直下移速度方程：

$$V_X = -\frac{qX}{\dfrac{\pi}{6}(3 - n_0) K_0 H^{3-n_0}} \qquad (5-40)$$

6）移动方程。因为 $r \neq 0$ 的移动方程十分复杂，故未介绍，现介绍 $r = 0$ 时的移动方程。

$$\eta X_0^{3-n_0} - X^{3-n_0} = \frac{6\eta Q_f X_0^{3-n_0}}{\pi K_0 H_0^{3-n_0}} \tag{5-41}$$

$$X = \sqrt[3-n_0]{\eta X_0^{3-n_0} - \frac{6\eta Q_f X_0^{3-n_0}}{\pi K_0 H_0^{3-n_0}}} \tag{5-41'}$$

条件二：当 $\eta = 1$，$r = 0$，$n_0 = 1$ 时，统一数学方程给出了 B. B. 库里柯夫方程（用 $2P$ 替换 K_0 得原方程）。

1）偏心率方程：

$$1 - \varepsilon^2 = K_0 H_0^{-1} \tag{5-42}$$

式（5-42）与式（5-17″）相同。

2）母线方程：

$$Y^2 = K_0 H_0^{-1}(H - X)X \tag{5-43}$$

3）体积方程：

$$Q_f = \frac{\pi}{6} K_0 H^2 \tag{5-44}$$

式（5-44）与式（5-19）相同。

4）移动迹线方程：

$$Y^2 = \frac{X}{X_0} Y_0^2 \tag{5-45}$$

式（5-45）与式（5-20）相同。

5）速度方程：

$$V_X = -\frac{3qX}{\pi K_0 H^2} \tag{5-46}$$

式（5-46）与式（5-22）相同。

6）移动方程：

$$X = \sqrt{X_0^2 - \frac{6Q_f X_0^2}{\pi K_0 H_0^2}} \tag{5-47}$$

式（5-47）与式（5-21）相同。

条件三：当 $r = 0$，$n_0 = 0$，统一数学方程给出了等偏心率方程（用 $1 - \varepsilon^2$ 替换 K_0 得原方程）：

$$1 - \varepsilon^2 = K_0$$

$$Y^2 = K_0(H - X)X$$

$$Q_f = \frac{\pi}{6} K_0 H^3$$

$$Y^2 = \frac{Y_0}{X_0} X$$

$$V_X = -\frac{2qX}{\pi K_0 H^3}$$

$$X = \sqrt[3]{\eta X_0^3 - \frac{6\eta Q_f X_0^3}{\pi K_0 H_0^3}}$$

以上方程与式（5-23）~式（5-26）、式（5-29）、式（5-27）相同。

条件四：当 $\eta = 1$，$r \neq 0$，$n_0 = 0$ 时，母线方程式（5-31）、体积方程式（5-32）、速度方程式（5-34）等基础方程与 Γ. M. 马拉霍夫方程中式（5-12）、式（5-13）、式（5-14'）相同（用 $1 - \varepsilon^2$ 替换 K_0 得原方程）。

由以上简化可知：

（1）当 $r \neq 0$，$n_0 = 0$ 时，统一数学方程可给出部分 Γ. M. 马拉霍夫方程。

（2）当 $r = 0$，$n_0 = 0$ 时，统一数学方程可给出等偏心率方程。

（3）当 $\eta = 1$，$r = 0$，$n_0 = 1$ 时，统一数学方程可给出 B. B. 库里柯夫方程。

（4）当 $r = 0$ 时，方程能大大简化，使用方便，又能包括放出体过渡的完全椭球体的全部方程。已被高等学校放矿教材采用，得到广泛应用。

由以上分析可以理解，该方程称为放矿规律统一数学方程是恰当的。

第三节　椭球体放矿理论的检验

椭球体放矿理论有放出体（放出体表面）过渡理论和等速体（等速度表面）过渡理论。由于承认放出体是椭球体，因而不能承认等速度体是椭球体，等速度过渡放矿理论基础有弊病。因此，椭球体放矿理论的检验只对放出体（放出体表面）过渡理论进行检验，而且主要是对 $r = 0$ 的放矿基本规律的统一数学方程进行检验。

一、放出体形检验

椭球体放矿理论有两种放出体形：完整椭球体和截头椭球体。

（1）实验证明，放出体是一个截头的近似的椭球体（类椭球体），而椭球体放矿理论放出体形是标准的完整椭球体或标准的截头椭球体。

（2）截头的放出体比完整的放出体更接近实际。

（3）完整椭球体放出口成为一个没有尺寸的原点，造成破裂漏斗不破裂现象。

（4）椭球体形上下对称，不能反映上大下小、上小下大等体形变化，只能用偏心率来反映体形肥瘦的微小变化。

（5）截头椭球体理论给出了实际放出口，能求出实际放出口处的速度分布及空间点通过放出口的位置。

统一数学方程给出的放出口速度方程为：

$$V_{Xof} = -\frac{2q_0}{\pi r^2}\left(1 - \frac{R_{of}^2}{r^2}\right) \tag{5-48}$$

式中　V_{Xof}——放出口处的垂直下移速度；

　　　r——放出口半径；

　　　q_0——单位时间放出体积；

　　　R_{of}——放出口某点的 R 坐标值。

散体中任意点 (X_0, R_0) 通过放出口的位置为：

$$R_{of}^2 = \frac{R_0^2}{X_0^n}\frac{r^2}{K_0 H^{-n_0}} \tag{5-49}$$

式中　R_{of}——X_0、R_0 点通过放出口的 R 坐标值；

　　　K_0，n_0——移动边界指数和移动迹线指数；

　　　H——X_0、R_0 点所在移动体的顶点 X 坐标值。

（6）完整椭球体理论不能给出放出口处的速度分布及空间点通过放出口的位置，全部通过原点放出。

由以上可知，大部分不能通过检验。

二、移动边界检验

1. 移动边界研究

椭球体放矿理论有没有移动边界，移动边界方程如何表达，现以 $r = 0$ 的统一数学方程进行分析讨论。

统一数学方程在 $r = 0$ 时的表面方程和速度方程为：

$$R^2 = K_0 H^{-n_0}(H - X)X = K_0 H^{1-n_0}X - K_0 H^{-n_0}X^2$$

$$V_R = -\frac{3(2 - n_0)q_0 R}{(3 - n_0)\pi K_0 H^{3-n_0}}$$

现研究无限放出，即 $H \to \infty$ 时，在水平径向是否存在移动边界，即是否有 $R = f(X, H)$ 函数存在。

在移动边界上，全速度应为零。由于垂直下移速度为零时，径向水平速度也为零，全速度当然为零。为研究方便，讨论水平径向速度 V_R。

当 $X = $ 常数，$H \to \infty$ 时：

$$\lim_{H \to \infty} V_R^2 = \lim_{H \to \infty}\left[\frac{3(2 - n_0)q_0}{(3 - n_0)\pi K_0}\right]^2\frac{R^2}{H^{6-2n_0}}$$

$$= \lim_{H \to \infty}\left[\frac{3(2 - n_0)q_0}{(3 - n_0)\pi K_0}\right]^2\frac{K_0 H^{-n_0}(H - X)X}{H^{6-2n_0}}$$

$$= \left[\frac{3(2-n_0)q_0}{(3-n_0)\pi K_0} \right]^2 \lim_{H \to \infty} \frac{HX - X^2}{H^{6-n_0}}$$

$$\xrightarrow{\text{洛必达法则}} \left[\frac{3(2-n_0)q_0}{(3-n_0)\pi K_0} \right]^2 \lim_{H \to \infty} \frac{X}{(6-n_0)H^{5-n_0}}$$

$$= 0 \quad (0 \leqslant n_0 \leqslant 1)$$

故当 $H \to \infty$ 时，存在移动边界。

根据松动体表面方程，当 $n_0 = 1$，$X =$ 常数时，存在 $R_s^2 = K_0 X - K_0 H^{-1} X^2$，$\lim_{H \to \infty} R_s^2 = K_0 X - \lim_{H \to \infty} \frac{K_0 X^2}{H} = K_0 X$，即 $n_0 = 1$ 时，移动边界方程为 $R_s^2 = K_0 X$。同理，当 $0 \leqslant n_0 < 1$，$X =$ 常数时，松动体表面方程为：$R_s^2 = K_0 H^{-n_0}(H - X)X$，即 $R_s^2 = (1 - \varepsilon^2)(H - X)X$。已知 $K_0 H^{-n} = 1 - \varepsilon^2 = a (0 < a < 1)$，故 $\lim_{H \to \infty} R_s^2 = \lim_{H \to \infty} K_0 H^{-n_0}(H - X)X = \infty$，即 $0 \leqslant n_0 < 1$ 时，移动边界在无穷远处，也就是说没有移动边界。

2. 移动边界检验

（1）由移动边界研究知，B. B. 库里柯夫方程和 $r = 0$，$n_0 = 1$ 时的统一数学方程，给出了移动边界 $R_s^2 = K_0 X$，它属于理想散体的固定移动边界。在该固定移动边界上，速度均为零。

（2）由移动边界研究知，等偏心率方程和 $r = 0$，$0 \leqslant n_0 < 1$ 的统一数学方程的移动边界在无穷远处，即散体场中没有移动边界。没有移动边界的速度方程不是描述散体移动规律的方程。

（3）统一数学方程及等偏心率方程承认松动体，因此给出了瞬时移动边界——瞬时松动体表面。但研究表明，该瞬时边界面上任意颗粒点的速度不为零。因此，该边界面是人为给定的瞬时移动边界面，是移动边界面，而边界面上的颗粒点速度又不为零，理论系统本身自相矛盾。

（4）在瞬时松动体表面（边界）上任意点的密度没有确定值，说不清是原始密度还是平均密度。

（5）承认二次松散，即 $\eta > 1$，但没有给出极限移动边界方程。由移动边界研究知，等偏心率方程和 $r = 0$，$0 \leqslant n_0 < 1$ 的统一数学方程的极限移动边界在无穷远处，就是说没有边界。同样，没有极限移动边界的速度方程，也不是描述散体移动规律的方程。

（6）B. B. 库里柯夫方程和 $r = 0$，$n_0 = 1$ 的统一数学方程给出的固定移动边界方程与颗粒点移动迹线方程吻合，与散体力学研究的结论一致。

由以上分析可知：

（1）B. B. 库里柯夫方程和 $\eta = 1$，$r = 0$，$n_0 = 1$ 的统一数学方程能通过移动边界检验。

（2）等偏心率方程和 $r = 0$，$0 \leqslant n_0 < 1$ 的统一数学方程不能通过移动边界

检验。

三、散体速度场和密度场检验

（1）B. B. 库里柯夫方程和 $\eta = 1$，$r = 0$，$n_0 = 1$ 的统一数学方程给出的密度场为均匀场和定常场，速度场为不均匀场和定常场，符合理想散体速度场和密度场特征。

（2）等偏心率方程和 $r = 0$，$0 \leq n_0 < 1$ 的统一数学方程没有区分理想散体和实际散体，而且混淆不清。它承认二次松散和松动椭球体的存在，这是实际散体的特征，但它给出的速度场是不均匀场和定常场，在松动椭球体内的密度场是均匀场和定常场，这是理想散体的特征，相互矛盾。

（3）散体密度的变化是在松动体边界面上一次完成的，散体在松动体边界面上任意点的驻定速度也是一次达到的，就是说边界面上的点发生密度和速度突变，这些点成为不连续的间断点，这是违背连续介质假说的。

（4）如果说等偏心率方程和 $r = 0$，$0 \leq n_0 < 1$ 的统一数学方程的速度方程和密度方程（松动范围内）符合理想散体特征，则没有给出实际散体的相关方程。

（5）承认瞬时松动椭球体，就是承认散体场中的点是逐渐投入运动的，就是承认散体中颗粒点的速度与时间相关，即速度场是非均匀场和不定常场。这与给出的速度方程互相矛盾。

（6）松动体内各处密度相同，与实际不符。

（7）放出口处，密度由平均密度变为放出密度，违背连续介质假说，且密度无确定值。

（8）瞬时松动椭球体表面上密度和速度均无确定值。

由以上分析可知：

（1）B. B. 库里柯夫方程和 $\eta = 1$，$r = 0$，$n_0 = 1$ 的统一数学方程能通过理想散体的密度场和速度场检验。

（2）等偏心率方程和 $r = 0$，$0 \leq n_0 < 1$ 的统一数学方程不能通过检验。

四、一般移动连续性检验

研究表明，当 $\eta > 1$ 时，因无 $\rho = f(R, X, t)$ 函数而无法检验；当 $r \neq 0$ 时，则因速度方程含 r 值，难以通过检验。由于假定的是等密度场，速度方程也是按等密度场建立的，因此我们按 $r = 0$ 的速度方程进行等密度场的适合性检验（即按 $\eta = 1$ 检验）。

当统一数学方程 $r = 0$ 时，有以下方程：

$$V_X = -\frac{6q_0 X}{(3 - n_0)\pi K_0 H^{3 - n_0}}$$

$$V_R = -\frac{3(2-n_0)q_0 R}{(3-n_0)\pi K_0 H^{3-n_0}}$$

$$R^2 = K_0 H^{1-n_0} X - K_0 H^{-n_0} X^2$$

按要求运算如下：

$$\frac{\partial H}{\partial X} = \frac{2KH^{-n_0}X - K_0 H^{1-n_0}}{(1-n_0)K_0 H^{-n_0}X + n_0 K_0 H^{-(1+n_0)}X^2}$$

$$\frac{\partial H}{\partial R} = \frac{2R}{(1-n_0)K_0 H^{-n_0}X + n_0 K_0 H^{-(1+n_0)}X^2}$$

$$\frac{\partial V_X}{\partial X} = -\frac{6q_0\left[H^{3-n_0}-(3-n_0)H^{2-n_0}X\frac{\partial H}{\partial X}\right]}{(3-n_0)\pi K_0 H^{2(3-n_0)}} = \left(\frac{1}{X}-\frac{3-n_0}{H}\frac{\partial H}{\partial X}\right)V_X$$

$$\frac{\partial V_R}{\partial R} = -\frac{3(2-n_0)q_0\left[H^{3-n_0}-(3-n_0)H^{2-n_0}\frac{\partial H}{\partial R}\right]}{(3-n_0)\pi K_0 H^{2(3-n_0)}}$$

$$= \left[\frac{2-n_0}{2X}-\frac{(3-n_0)(2-n_0)R\frac{\partial H}{\partial R}}{2XH}\right]V_X$$

$$\frac{V_R}{R} = -\frac{3(2-n_0)q_0}{(3-n_0)\pi K_0 H^{3-n_0}} = \frac{2-n_0}{2X}V_x$$

$$\frac{\partial V_X}{\partial X}+\frac{\partial V_R}{\partial R}+\frac{V_R}{R} = \left[\frac{1}{X}-\frac{3-n_0}{H}\frac{\partial H}{\partial R}+\frac{2-n_0}{2X}-\frac{(3-n_0)(2-n_0)}{2XH}R\frac{\partial H}{\partial R}\right]V_X$$

$$= \frac{3-n_0}{XH}V_X\left[H-X\frac{\partial H}{\partial X}-\frac{2-n_0}{2}R\frac{\partial H}{\partial R}\right]$$

$$= \frac{3-n_0}{XH}V_X\frac{(1-n_0)K_0 H^{1-n_0}X + n_0 K_0 H^{-n_0}X^2 - 2K_0 H^{-n_0}X^2 + K_0 H^{1-n_0}X - (2-n_0)R^2}{(1-n_0)K_0 H^{-n}X + n_0 K_0 H^{-(1+n_0)}X^2}$$

$$= \frac{3-n_0}{XH}V_X\frac{(2-n_0)(K_0 H^{1-n_0}X - K_0 H^{-n_0}X^2 - R^2)}{(1-n_0)K_0 H^{-n}X + n_0 K_0 H^{-(1+n_0)}X^2}$$

$$= 0 \qquad (R^2 = K_0 H^{1-n_0}X - K_0 H^{-n_0}X^2)$$

对于密度为均匀场和定常场时应满足连续性方程 $\frac{\partial V_X}{\partial X}+\frac{\partial V_R}{\partial R}+\frac{V_R}{R}=0$，因此，$r=0$ 时的统一数学方程（当然也包括 B. B. 库里柯夫方程和等偏心率方程）满足连续性检验。

五、特殊连续性方程检验

描述散体移动规律的理论应满足 $\rho_{R_s}V_{R_s}R_s=0$，椭球体理论的方程均为理想散体方程，对于理想散体方程则 $V_{R_s}R_s=0$。

椭球体理论除 B. B. 库里柯夫方程和 $\eta=1$，$r=0$，$n_0=1$ 的统一数学方程外，其他都不能给出固定移动边界。

当 $n_0 = 1$ 时，由式（5 – 18）、式（5 – 22″）、式（5 – 43）、式（5 – 46）可知：

$$R^2 = K_0 X - K_0 H^{-1} X^2$$

$$V_R = -\frac{3q_0(K_0 X - R^2)^2 R}{2\pi K_0^3 X^4}$$

当 $V_X = 0$ 时，有固定移动边界 $R_s^2 = K_0 X$。

代入式（5 – 8），$\displaystyle\int_0^{R_s} \partial(V_R R) = -\frac{3q_0(K_0 X - R^2)^2 R^2}{2\pi K_0^3 X^4}\Big|_0^{\sqrt{K_0 X}} = 0$。

椭球体理论其他方程没有给出固定移动边界（因无法给出），因为由速度方程可知固定移动边界应为无穷远。椭球体理论给出了松动椭球体边界（瞬时移动边界），但根据速度方程可知松动体边界上速度不为零，所以 $V_{R_s} R_s \neq 0$。

由以上分析可以看出，B. B. 库里柯夫方程（$n_0 = 1$）和 $r = 0$，$n_0 = 1$ 的统一数学方程作为理想散体方程可以通过特殊连续性检验，其他均不能通过特殊连续性检验。

六、质量通量检验

椭球体理论的速度方程属于理想散体方程，只能进行理想散体的质量通量检验。

$\eta = 1$，$r = 0$，$n_0 = 1$ 时的统一数学方程和 B. B. 库里柯夫方程质量通量检验如下。

通过 X 水平的质量通量 m_X 计算如下：

$$m_X = \pi\rho_0 \int_0^{R_s} -\frac{3q_0(K_0 X - R^2)^2 R^2}{\pi K_0^3 X^3} 2R\mathrm{d}R$$

$$= \rho_0 \int_0^{R_s} 3q_0\left(1 - \frac{R^2}{K_0 X}\right)^2 \mathrm{d}\left(1 - \frac{R^2}{K_0 X}\right)$$

$$= \rho_0 q_0 \left(1 - \frac{R^2}{K_0 X}\right)^3 \Big|_0^{K_0 X} = -\rho_0 q_0$$

满足质量通量检验要求。

对于其他情况未给出边界，无法检验，或者移动边界是人为给定的，检验无意义。

现以等偏心率方程为例。

当 $n_0 = 0$ 时，根据式（5 – 22）得：

$$H = \frac{R^2 + K_0 X^2}{K_0 X}$$

$$V_X = -\frac{2K_0^2 q_0 X^4}{\pi(R^2 + K_0 X^2)^3}$$

设边界方程为 $R_s = f(X)$，现进行质量通量检验。

$$m_X = \int_0^{R_s} \rho V_X 2\pi R dR$$

$$= \pi\rho_0 \int_0^{R_s} -\frac{2K_0^2 X^4 q_0}{\pi(R^2 + K_0 X^2)^3} d(R^2 + K_0 X^2)$$

$$= \rho_0 \frac{K_0^2 X^4 q_0}{(R^2 + K_0 X^2)^2} \Big|_0^{f(X)}$$

$$= \rho_0 \frac{K_0^2 X^4 q_0}{(f(X) + K_0 X^2)^2} - \rho_0 q_0$$

当 $R_s = f(X) = \infty$ 时，有 $m_X = -\rho_0 q_0$。

可见，当边界无穷远时，满足质量通量检验。但是散体是有边界移动，气体、液体才是无边界移动，因此，该方程不是反映散体移动的方程，不能通过移动边界内的质量通量检验。

由以上分析可知，只有 B. B. 库里柯夫方程和 $\eta = 1$，$r = 0$，$n_0 = 1$ 的统一数学方程能通过质量通量检验，椭球体理论其他方程都不能通过质量通量检验。

由以上六项检验知：

（1）B. B. 库里柯夫方程及 $\eta = 1$，$r = 0$，$n_0 = 1$ 的统一数学方程能通过移动边界、密度场和速度场、流动一般性、特殊连续性、质量通量等五项检验。

（2）$r \neq 0$ 的统一数学方程能通过放出体形检验。

（3）$r = 0$ 的统一数学方程能通过一般连续性检验。

第四节 随机介质放矿理论的检验

随机介质放矿理论是"将散体简化为连续流动的随机介质，运用概率论方法研究散体移动过程而形成的理论体系"。但只要研究整个理论不难发现，随机介质放矿理论实质上是把散体颗粒视为随机移动的连续介质放矿理论，主要理由如下：

（1）随机介质放矿理论建立的模型确实是离散型的，即把散体视为由一个个方格（立方块或球体）组成，具有离散介质的特点，但是在理论体系的建立过程中，研究者"设方格尺寸足够小，把由方格分割的介质视为连续介质"。

（2）随机介质放矿理论建立时得出每个方格的移动概率也是离散型的概率函数，但是在理论体系的建立过程中，研究者用连续型的概率密度函数代替离散型的概率函数，这实质上是把离散型的概率分布变为连续型的概率密度分布，而概率密度分布只适用于连续介质。

（3）随机介质放矿理论在建立过程中大量使用了数学分析手段，而这些手段只有在连续介质中才能使用。

（4）有的随机介质放矿理论的水平径向速度就是根据垂直下移速度和连续性方程求解得出的。

综上所述，随机介质放矿理论本质上仍然是连续介质放矿理论，它必须接受连续介质放矿理论的 6 个检验准则的全部检验，即放出体形检验、移动边界检验、散体场检验、一般连续性检验、特殊连续性检验和质量通量检验。

一、随机介质放矿理论概述

随机介质放矿理论是运用概率方法研究散体放出移动规律的理论。散体移动随机介质理论研究始于 20 世纪 60 年代，波兰地表移动专家 Litwiniszyn 通过建立随机介质模型研究地表移动。

1962 年王泳嘉教授发表《放矿理论研究的新方向——随机介质理论》一文，给出了移动概率密度方程。

1972 年苏联 B. B. 库里柯夫教授出版了专著，对放矿随机介质理论进行了较深入的研究，给出的移动概率密度方程为 $P(X,Z) = \sqrt{\dfrac{2b}{\pi KZ}} \exp\left(-\dfrac{2bX^2}{a^2 KZ} \right)$。

1994 年任凤玉教授建立了能适应放出体形态变化的散体移动概率密度方程：

$$P(X,Z) = \frac{1}{\sqrt{\pi\beta Z^\alpha}} \exp\left(-\frac{X^2}{\beta Z^\alpha} \right) \quad （平面）$$

$$P(X,Y,Z) = \frac{1}{\pi\beta Z^\alpha} \exp\left(-\frac{X^2 + Y^2}{\beta Z^\alpha} \right) \quad （空间）$$

任凤玉教授的研究成果比较系统和具有代表性，介绍如下：

1. 速度方程

（1）垂直下移分速度。

$$V_Z = -\frac{q_0}{\pi\beta Z^\alpha} \exp\left(-\frac{R^2}{\beta Z^\alpha} \right) \tag{5-50}$$

（2）水平径向分速度。

$$V_R = -\frac{\alpha q_0 R}{2\pi\beta Z^{\alpha+1}} \exp\left(-\frac{R^2}{\beta Z^\alpha} \right) \tag{5-51}$$

式中　α, β——与散体流动性质及放出条件有关的常数；

　　　Z——垂直坐标值。

2. 放出体方程

（1）放出体方程。

$$Q = \frac{\beta}{\alpha+1}\pi H^{\alpha+1} \tag{5-52}$$

（2）放出体表面方程。

$$R^2 = (\alpha + 1)\beta Z^\alpha \ln(H/Z) \qquad (5-53)$$

式中　H——放出体高度。

随机介质放矿理论对放出口进行了深入研究，给出了放出口的速度分布方程：

$$V_{of} = V_{max}(1 - \theta r^2 / R_0^2) \qquad (5-54)$$

式中　V_{of}——放出口速度（放出口处径向坐标为 r 处的速度）；

　　V_{max}——轴线上的出口速度；

　　R_0——放出口半径；

　　θ——与放出口尺寸及漏斗颈长度有关的系数。

3. 移动迹线方程

$$r^2 = \frac{r_0^2}{Z_0^\alpha} Z^\alpha \qquad (5-55)$$

式中　r_0，Z_0——颗粒点原有的径向和垂直坐标值；

　　r，Z——颗粒点移动后的径向和垂直坐标值。

4. 密度场和速度场

随机介质放矿理论认为"移动带内散体移动中保持密度不变"，即密度场为均匀场和定常场，速度场是非均匀场和定常场，因此随机介质放矿理论实际上研究的是理想散体的运动规律。随机介质放矿理论同时又承认二次松散现象和松动体的存在，"松动体是放矿的瞬态现象，放矿时随着放出量的增多松动体不断扩大"，并认为是在散体颗粒开始"移动瞬间物料产生二次松散"，就这一点看，它又在研究实际散体，但它没有给出实际散体的速度方程和密度方程。它的密度场和速度场与椭球体放矿理论完全一样，没有区分理想散体和实际散体；用理想散体的密度方程和速度方程代替实际散体的密度方程和实际方程；混淆理想散体和实际散体的移动范围；假设的密度及其变化（特别是边界上的变化）违背理论假设且不符合实际。

5. 移动边界

移动场的边界应该是移动场中速度为零的点组成的界面，随机介质放矿理论不是通过速度方程求出移动边界，而是独立给出了散体移动边界，移动边界方程为：

$$R = 3\sigma = 3(\beta Z^\alpha / 2)^{1/2} \qquad (5-56)$$

式中　σ——均方差。

随机介质放矿理论承认瞬时松动体。因此随机介质理论同时给出了一个瞬时移动边界。

二、随机介质放矿理论的检验

1. 放出体形检验

由放出体表面方程式（5-53）可见，当散体颗粒从理想放出口放出时，放出体为近似的旋转椭球体；随机介质放矿理论深入研究了放矿口对速度场的影响，给出了实际放出口及放出口的速度分布方程式（5-54），同时给出了具有实际放出口时放出体体形为一截头的近似椭球体；由放出体表面方程式（5-53），设放出体最宽部位所在高度为 h，则在 $Z=h$ 处放出体曲面法线斜率为零，令 $\dfrac{\mathrm{d}R}{\mathrm{d}Z}=0$ 得 $h = He^{-\frac{1}{\alpha}}$。

当 $\alpha > 1/\ln 2$ 时，$h > H/2$，表明放出体形态上部粗大；当 $\alpha < 1/\ln 2$ 时，$h < H/2$，表明放出体形态下部粗大；当 $\alpha = 1/\ln 2$ 时，$h = H/2$，表明放出体形态上下接近，即放出体形是可变的。

综上所述，经随机介质放矿理论放出体形检验得出以下结论：

（1）随机介质放矿理论放出体是一个截头的近似椭球体。

（2）随机介质放矿理论放出体在不同的放矿条件下表现为上大下小、上小下大、上下比较接近等形状变化。

（3）由式（5-54）知放出口是截头产生的原因，给出了实际放出口、放出口水平的速度分布。

由以上分析可知，随机介质放矿理论能够满足连续介质放矿理论的放出体形检验。

2. 移动边界检验

（1）移动边界的求算。移动边界应该是速度为零的点组成的边界，我们求全速度为零的边界。根据式（5-50）和式（5-51），得全速度方程为：

$$V = -\frac{q_0}{\pi \beta Z^\alpha}\sqrt{1 + \left(\frac{\alpha R}{2Z}\right)^2}\exp\left(-\frac{R^2}{\beta Z^\alpha}\right)$$

1）当 $R = $ 常数，$Z \to \infty$ 时：

$$\lim_{Z \to \infty} V = \lim_{Z \to \infty}\left(-\frac{q_0}{\pi \beta Z^\alpha}\right)\lim_{Z \to \infty}\sqrt{1 + \left(\frac{\alpha R}{2Z}\right)^2}\lim_{Z \to \infty}\exp\left(-\frac{R^2}{\beta Z^\alpha}\right) = 0$$

2）当 $Z = $ 常数，$R \to \infty$ 时：

$$\lim_{R \to \infty} V = \lim_{R \to \infty}\left(-\frac{q_0}{\pi \beta Z^\alpha}\right)\lim_{R \to \infty}\sqrt{\left(1 + \frac{\alpha R}{2Z}\right)^2}\lim_{R \to \infty}\exp\left(-\frac{R^2}{\beta Z^\alpha}\right)$$

$$= -\frac{q_0}{\pi \beta Z^\alpha}\lim_{R \to \infty}\frac{\sqrt{1 + \left(\frac{\alpha R}{2Z}\right)^2}}{\exp\left(\frac{R^2}{\beta Z^\alpha}\right)}$$

$$\xrightarrow{\text{洛必达法则}} -\frac{q_0}{\pi\beta Z^\alpha}\lim_{R\to\infty}\frac{\dfrac{\alpha^2 R}{4Z^2}}{\dfrac{2R}{\beta Z^\alpha}\exp\left(\dfrac{R^2}{\beta Z^\alpha}\right)\sqrt{\left(1+\dfrac{\alpha R}{2Z}\right)^2}}$$

$$= -\frac{q_0}{\pi\beta Z^\alpha}\lim_{R\to\infty}\frac{\alpha^2\beta}{8Z^{2-\alpha}\exp\left(\dfrac{R^2}{\beta Z^\alpha}\right)\sqrt{\left(1+\dfrac{\alpha R}{2Z}\right)^2}} = 0$$

由以上计算可知，随机介质放矿理论的移动边界在无穷远处，即无移动边界。

（2）移动边界检验。

1）随机介质放矿理论给出了固定移动边界方程 $R_s = 3\sqrt{\dfrac{1}{2}\beta Z^\alpha}$，但速度方程表明，该固定移动边界上任一点的速度都不为零。

2）移动边界求算表明，随机介质的移动边界方程为 $R_s = \infty$，边界在无穷远处，即没有边界。没有移动边界的速度方程很难说是反映散体移动规律的方程。

3）随机介质放矿理论承认松动体，因此瞬时松动体表面即为该理论给出的瞬时移动边界。该理论的速度方程表明，该理论给出的瞬时移动边界（静止边界）上任意点的速度都不为零。

4）该理论给出的固定移动边界和瞬时移动边界上出现了两个不同的速度值，难以说清其确定值。

5）该理论承认二次松散，认为二次松散是在瞬时移动边界上一次瞬时完成的，因此该瞬时移动边界上也难以说清密度的确定值。

6）根据研究，理想散体的固定移动边界方程就是实际散体的极限移动边界方程。计算表明，该理论的极限移动边界方程为 $R_s = \infty$，而不是 $R_s = 3\sqrt{\dfrac{1}{2}\beta Z^\alpha}$。

7）该理论的固定移动边界方程与颗粒点移动迹线方程吻合，但固定移动边界是人为给定的。

由以上分析可知，随机介质放矿理论给出了两个移动边界，即固定移动边界（$R_s = 3\sqrt{\dfrac{1}{2}\beta Z^\alpha}$）和瞬时移动边界（松动体表面）。但该理论的速度方程表明，给出的这两个边界上速度都不为零。同时存在两个移动边界，边界上速度不为零，或边界上任一点具有两个速度值和密度值，这些观点都自相矛盾。因此，随机介质放矿理论基本上不能通过移动边界检验。

3. 散体速度场和密度场检验

（1）没有区分理想散体和实际散体，而且是混淆不清：该理论承认二次松散和松动体存在，这是实际散体的特征；但它给出的速度场是不均匀场和定常场，在松动体内的密度场是均匀场和定常场，这是理想散体的特征，相互矛盾。

（2）该理论认为散体密度的变化是在松动体表面上一次完成的，散体在松动体表面上任意点的驻定速度也是一次达到的，边界面上的点的密度和速度都发生突变，无确定值，变化不连续，为间断点。这是违背连续介质假说的。

（3）该理论速度方程和密度方程符合理想散体特征，没有给出实际散体的相关方程。

（4）承认瞬时松动体，即承认散体场中的点是逐渐投入运动，亦即散体场中的颗粒点的速度和密度变化与时间有关，即为非定常场。这与给出的方程相互矛盾。

（5）松动体内密度均匀且等于平均密度，与各处密度均不同的实际不符。

（6）根据松动体内密度为平均密度，则放出口密度应突变为放出密度。该处又是间断点，违背连续介质假说，且该处密度无确定值（是平均密度还是放出密度？）。

（7）瞬时松动体表面上密度和速度场无确定值（是初始密度还是平均密度，速度为零还是驻定速度？）。

由以上分析可知，随机介质放矿理论基本上不能通过速度场和密度场检验。

4. 一般移动连续性检验

随机介质放矿理论认为"移动带内散体移动过程中密度保持不变"，因此可以认为它研究的是理想散体的运动规律。随机介质放矿理论的速度方程仅与散体性质、放矿条件和点的空间坐标有关，而与放出时间无关，这也表明它是理想散体的速度方程。现按理想散体进行检验。

随机介质放矿理论的速度方程为：

$$V_Z = -\frac{q_0}{\pi\beta Z^\alpha}\exp\left(-\frac{R^2}{\beta Z^\alpha}\right)$$

$$V_R = -\frac{\alpha q_0 R}{2\pi\beta Z^{\alpha+1}}\exp\left(-\frac{R^2}{\beta Z^\alpha}\right)$$

进一步变换如下：

$$\frac{\partial V_Z}{\partial Z} = -\frac{\alpha q_0}{\pi\beta Z^{\alpha+1}}\exp\left(-\frac{R^2}{\beta Z^\alpha}\right) - \frac{q_0}{\pi\beta Z^\alpha}\exp\left(-\frac{R^2}{\beta Z^\alpha}\right)\cdot\frac{\alpha R^2}{\beta Z^{\alpha+1}}$$

$$\frac{\partial V_R}{\partial R} = -\frac{\alpha q_0}{2\pi\beta Z^{\alpha+1}}\exp\left(-\frac{R^2}{\beta Z^\alpha}\right) + \frac{\alpha q_0 R}{2\pi\beta Z^{\alpha+1}}\exp\left(-\frac{R^2}{\beta Z^\alpha}\right)\cdot\frac{2R}{\beta Z^\alpha}$$

$$\frac{V_R}{R} = -\frac{\alpha q_0}{2\pi\beta Z^{\alpha+1}}\exp\left(-\frac{R^2}{\beta Z^\alpha}\right)$$

代入连续性方程，有：

$$\frac{\partial V_Z}{\partial Z} + \frac{V_R}{R} + \frac{\partial V_R}{\partial R} = \frac{\alpha q_0}{\pi\beta Z^{\alpha+1}}\exp\left(-\frac{R^2}{\beta Z^\alpha}\right) - \frac{\alpha R^2 q_0}{\pi\beta^2 Z^{2\alpha+1}}\exp\left(-\frac{R^2}{\beta Z^\alpha}\right) -$$

$$\frac{\alpha q_0}{\pi \beta Z^{\alpha+1}} \exp\left(-\frac{R^2}{\beta Z^\alpha}\right) + \frac{\alpha R^2 q_0}{\pi \beta^2 Z^{2\alpha+1}} \exp\left(-\frac{R^2}{\beta Z^\alpha}\right) = 0$$

满足连续性方程 $\frac{\partial V_Z}{\partial Z} + \frac{V_R}{R} + \frac{\partial V_R}{\partial R} = 0$，因此，随机介质放矿理论的速度方程符合理想散体一般连续性检验的要求。

5. 特殊连续性方程检验

由前述可知，随机介质放矿理论速度方程为零的条件是无穷远，也就是说在散体中没有移动边界。在散体中没有移动边界的理论很难说是描述散体移动规律的理论。随机介质放矿理论的移动边界是人为给出的，边界上的水平径向速度不为零。

现进行特殊连续性方程检验。

（1）根据特殊连续性方程，当 $\eta = 1$ 时，有：

$$\int_0^{R_s} \left(\frac{V_R}{R} + \frac{\partial V_R}{\partial R}\right) 2\pi R \mathrm{d}R = 2\pi V_{R_s} R_s = 0$$

因此，满足特殊连续性方程的条件实际上就是移动边界上的径向水平速度 $V_{R_s} = 0$。

当 $Z =$ 常数时，我们已知 $V_{R_s} = 0$ 的条件是 $R \to \infty$。现证明如下：

$$\lim_{R \to \infty} V_R = \lim_{R \to \infty} \left(-\frac{q_0 \alpha R}{2\pi \beta Z^{\alpha+1}}\right) \exp\left(-\frac{R^2}{\beta Z^\alpha}\right) = \lim_{R \to \infty} \frac{-\dfrac{q_0 \alpha R}{2\pi \beta Z^{\alpha+1}}}{\exp\left(\dfrac{R^2}{\beta Z^\alpha}\right)}$$

$$\xrightarrow{\text{洛必达法则}} \lim_{R \to \infty} \frac{-\dfrac{q_0 \alpha}{2\pi \beta Z^{\alpha+1}}}{\dfrac{2R}{\beta Z^\alpha} \exp\left(\dfrac{R^2}{\beta Z^\alpha}\right)} = 0$$

由此可见，$R \to \infty$ 时，$V_R = 0$。就是说该速度方程水平径向速度是无边界的，即散体中不存在移动边界，没有移动边界的速度方程，很难说是描述散体速度场的方程，当然无法通过特殊连续性检验。

（2）该理论给出了一个移动边界，现研究该边界方程是否满足特殊连续性检验。

给出的移动边界方程为 $R_s = 3\sigma = 3\sqrt{\dfrac{1}{2}\beta Z^\alpha}$，代入式（5-51），有：

$$V_{R_s} = -\frac{\alpha q_0 R_s}{2\pi \beta Z^{\alpha+1}} \exp\left(-\frac{R_s^2}{\beta Z^{\alpha+1}}\right)$$

$$= -\frac{3\alpha q_0 \sqrt{\dfrac{1}{2}\beta Z^\alpha}}{2\pi \beta Z^{\alpha+1}} \exp\left(-\frac{\dfrac{9}{2}\beta Z^\alpha}{\beta Z^{\alpha+1}}\right)$$

$$= -\frac{3\alpha q_0 \sqrt{\frac{1}{2}\beta Z^\alpha}}{2\pi\beta Z^{\alpha+1}}\exp\left(-\frac{9}{2Z}\right)\neq 0$$

故 $V_{R_s}\cdot R_s\neq 0$。

该边界是人为给定的，边界上水平径向速度不为零，因此不满足特殊连续性检验。

（3）随机介质理论承认瞬时移动边界（即存在瞬时松动体表面），但速度方程表明任何一个瞬时松动体表面上任一点的速度值都不为零，因此也不满足特殊连续性检验的要求。

由以上分析可以看出，无论是给出的移动边界 $R_s = 3\sqrt{\frac{1}{2}\beta Z^\alpha}$，承认的瞬时移动边界，还是根据水平径向速度 $V_R = 0$ 得到的边界都不能满足散体特殊连续性检验的要求。

6. 质量通量检验

随机介质放矿理论的速度方程实际是理想散体方程，只能按理想散体进行质量通量检验。

质量通量检验就是计算理想散体移动场中任意水平横断面的质量通过量 m_X 是否满足质量通量方程。将散体垂直下移速度方程代入质量通量方程，得：

$$m_X = \int_0^{R_s}\rho V_X 2\pi R\mathrm{d}R = \rho_0\int_0^{R_s}\frac{q_0}{\pi\beta Z^\alpha}\exp\left(-\frac{R^2}{\beta Z^\alpha}\right)2\pi R\mathrm{d}R$$

$$= \rho_0 q_0\int_0^{R_s}\exp\left(-\frac{R^2}{\beta Z^\alpha}\right)\mathrm{d}\left(-\frac{R^2}{\beta Z^\alpha}\right) = \rho_0 q_0\exp\left(-\frac{R^2}{\beta Z^\alpha}\right)\Big|_0^{R_s}$$

将随机介质放矿理论给出的移动边界方程式（5-56）代入上式整理后，得：

$$m_X = \left[\exp\left(-\frac{\left(3\sqrt{\frac{1}{2}\beta Z^\alpha}\right)^2}{\beta Z^\alpha}\right) - 1\right]\rho_0 q_0 = (0.0111 - 1)\rho_0 q_0 = -0.989\rho_0 q_0$$

由上式可知，随机介质放矿理论理想散体任一水平横断面单位时间质量通过量均相等，但与单位时间放出口放出量不相等，这是由移动边界是独立给出的造成的。根据随机介质放矿理论的速度方程，移动边界方程为 $R = \infty$，将 $R = \infty$ 代入质量通量方程，得：

$$m_X = \int_0^R\rho V_X 2\pi R\mathrm{d}R = \rho\int_0^R 2\pi R\left[-\frac{q_0}{\pi\beta Z^\alpha}\exp\left(-\frac{R^2}{\beta Z^\alpha}\right)\right]\mathrm{d}R$$

$$= \rho_0 q_0\exp\left(-\frac{R^2}{\beta Z^\alpha}\right)\Big|_0^\infty = -\rho_0 q_0$$

因此，只有移动边界方程为 $R = \infty$ 时，随机介质放矿理论才能满足质量通量方程。同理，$R = \infty$，说明移动场无移动边界，而没有移动边界的速度方程很难说是描述散体移动规律的方程。

综合以上证明可得，随机介质放矿理论不能满足质量通量检验，原因在于随机介质放矿理论的移动边界是人为给出的，而不是由速度方程确定的。若要使随机介质放矿理论满足质量通量检验，只有移动边界在无穷远处，显然这时在散体内不存在移动边界，而散体中不存在移动边界的理论，很难说它是描述散体移动规律的理论。

由以上六项检验知：

（1）随机介质放矿理论能通过放出体形检验和一般连续性检验，速度方程是适合理想散体的方程。

（2）随机介质的移动边界、密度场和速度场、特殊连续性检验及质量通量检验都不能通过，值得研究改进。

第五节 类椭球体放矿理论的检验

类椭球体放矿理论是李荣福教授于 1994 年创立的，该理论包含了椭球体放矿理论的部分合理内核，解决了椭球体放矿理论存在的问题和不足；该理论首次研究了放矿时的散体密度场及其变化，明确区分了理想散体和实际散体，并建立了类椭球体放矿理论的理想方程和实际方程；该理论提出了连续流动检验（一般连续性检验和特殊连续性检验）及其他检验准则。下面对类椭球体放矿理论进行检验。

一、类椭球体放矿理论概述

类椭球体放矿理论与检验相关的内容如下。

1. 放出体形

类椭球体放矿理论的放出体表面方程为：

$$R^2 = KH^{-\frac{n+1}{m}}(H^{\frac{n+1}{m}} - X^{\frac{n+1}{m}})X^n \tag{5-57}$$

式中　X，R——放出体表面上一点的垂直和径向坐标（圆柱面坐标系）；

　　　　H——放出体顶点的垂直坐标，H 是 X、R 的函数；

　K，m，n——与放矿条件及放出物料性质有关的实验常数，K 为移动边界系数，m 为速度分布指数，n 为移动迹线指数，一般 $0 \leqslant n \leqslant 2$。

类椭球体放矿理论的放出体形是一个完整的类椭球体，为弥补没有截头的不足，类椭球体放矿理论给出了理论放出口和实际放出口，把坐标原点 O 称为理论放出口，实际放出口水平（漏斗水平）坐标值 $X_{of} = \sqrt[n]{\dfrac{r^2}{K}}$，实际放出口半径为 r。

实际放出口的速度分布为:

$$V_{X\text{of}} = -\frac{(m+1)q_0}{\pi r^2}\left(1 - \frac{R^2}{r^2}\right) \tag{5-58}$$

散体颗粒通过漏口的径向位置按式(5-59)确定:

$$R_{\text{of}}^2 = \frac{R_0^2}{X_0^n}X_{\text{of}}^n = \frac{R_0^2}{X_0^n}\frac{r^2}{K} \tag{5-59}$$

式中　r——放出口半径;

X_{of}, R_{of}——放出口水平点的垂直及径向坐标值;

R_0, X_0——颗粒原有径向及垂直坐标值。

2. 速度场

类椭球体放矿理论区分了实际散体和理想散体,分别给出了实际散体和理想散体的速度方程。

当 $\eta = 1$ 时:

$$V_X = -\frac{(m+1)q_0\left(1 - \frac{R^2}{KX^n}\right)^m}{\pi KX^n} \tag{5-60}$$

$$V_R = -\frac{n(m+1)q_0R\left(1 - \frac{R^2}{KX^n}\right)^m}{2\pi KX^{n+1}} \tag{5-61}$$

当 $\eta > 1$ 时:

$$V_X' = -\frac{(m+1)q_0\left(1 - \frac{R^2}{KX^n}\right)^m}{\pi KX^n} + \frac{\rho_a X}{(n+1)C\rho_0 t} \tag{5-62}$$

$$V_R' = -\frac{n(m+1)q_0R\left(1 - \frac{R^2}{KX^n}\right)^m}{2\pi KX^{n+1}} + \frac{n\rho_a R}{2(n+1)C\rho_0 t} \tag{5-63}$$

式中　V_X', V_R'——空间点的垂直下移速度和径向水平移动速度($\eta > 1$);

V_X, V_R——空间点的垂直下移速度和径向水平移动速度($\eta = 1$);

q_0——单位时间放出体积;

K, m, n——与放矿条件和散体性质有关的实验常数,K 为移动边界指数,m 为速度分布指数,n 为移动迹线指数;

C——松动(移动)范围系数,一般为 15 左右;

ρ_0——放出密度;

ρ_a——静止密度(初始密度)。

3. 密度场

类椭球体放矿理论分别研究了理想散体和实际散体的密度场,给出了理想散体和实际散体的密度方程。

当 $\eta = 1$ 时：

$$\rho = \rho_0 = \rho_a \tag{5-64}$$

当 $\eta > 1$ 时：

$$\rho = \rho_0 \left[1 + \frac{\alpha \pi \rho_a K X^{n+1}}{(n+1)(m+1)\left(1 - \frac{R^2}{KX^n}\right)^m C \rho_0 q_0 t} \right]^{\frac{1}{\alpha}} \tag{5-65}$$

或

$$\rho = \rho_0 \left(1 + \alpha \frac{Q}{Q_f} \right)^{\frac{1}{\alpha}} \tag{5-65'}$$

式中　α——密度变化系数，它是 ρ_0 与 ρ_a 和有关的试验常数，一般为 11 左右。

α 和松动（移动）范围系数满足：

$$C = (1+\alpha)^{1+\frac{1}{\alpha}}$$

α 关系式为：

$$\frac{\rho_a}{\rho_0} = (1+\alpha)^{\frac{1}{\alpha}} \tag{5-66}$$

4. 移动边界

类椭球体放矿理论研究了理想散体和实际散体，认为实际散体中存在瞬时移动边界（即为松动体表面）和极限移动边界，理想散体中存在固定移动边界，固定移动边界为移动迹线方程的特殊形式。

（1）当 $\eta = 1$ 时，给出的固定移动边界方程为：

$$R_s^2 = KX^n \tag{5-67}$$

或

$$Y_s^2 + Z_s^2 = KX^n \tag{5-67'}$$

（2）当 $\eta > 1$ 时，给出的瞬时移动边界方程为：

$$R_s^2 = \left\{ 1 - \left[\frac{\pi \rho_a K X_0^{n+1}}{(n+1)(m+1)C\rho_0 q_0 t} \right]^{\frac{1}{m}} \right\} KX^n \tag{5-68}$$

（3）当 $t \to \infty$ 时得出的极限移动边界方程为：

$$R_s^2 = KX^n \tag{5-68'}$$

5. 移动迹线方程

$$Y^2 + Z^2 = \frac{Y_0^2 + Z_0^2}{X_0^n} X^n \tag{5-69}$$

或

$$R^2 = \frac{R_0^2}{X_0^n} X^n \tag{5-69'}$$

二、类椭球体放矿理论检验

1. 放出体形检验

（1）类椭球体理论认为放出体是一个截头的近似的椭球体，但由于理论处理的原因，该理论按完整的类椭球体处理，但注意到了截头的问题，故提出了理论放出口和实际放出口的概念，弥补没有截头的不足。给出了放出体表面方程式（5-57），由方程可知，当 m、n 值不同时体形也不同。

（2）放出体形状是可变的。

当 $n = 1$、$m = 2$ 时，给出了标准的椭球体体形。

当 $\left(\dfrac{mn}{mn + n + 1} \right)^{\frac{m}{n+1}} \approx 0.5$ 时，类椭球体上下基本接近；

当 $\left(\dfrac{mn}{mn + n + 1} \right)^{\frac{m}{n+1}} > 0.5$ 时，类椭球体上大下小；

当 $\left(\dfrac{mn}{mn + n + 1} \right)^{\frac{m}{n+1}} < 0.5$ 时，类椭球体上小下大。

（3）给出了实际放出口，放出口（漏口水平）坐标值 $X_{of} = \sqrt[n]{r^2/K}$，并给出了实际放出口处的速度分布及各点通过放出口的位置，见式（5-58）、式（5-59）。

由以上分析可见，类椭球体理论能全部通过放出体形检验。

2. 移动边界检验

（1）给出了移动边界方程。当 $\eta = 1$ 时，固定移动边界方程为式（5-67），代入式（5-60）、式（5-61），可得 $V_X = 0$，$V_R = 0$；$\eta > 1$ 时，瞬时移动边界方程为式（5-68），代入式（5-62）、式（5-63），可得 $V'_X = 0$，$V'_R = 0$。证明如下：

1）理想散体（$\eta = 1$），边界方程 $R_s^2 = KX^n$，代入方程式（5-60），得：

$$V_{Xs} = -\frac{(m+1)q_0}{\pi KX^n}\left(1 - \frac{R_s}{KX} \right)^m = 0$$

$$V_{Rs} = -\frac{n(m+1)q_0 R}{2\pi KX^{n+1}}\left(1 - \frac{R_s}{KX} \right)^m = 0$$

2）实际散体（$\eta > 1$），根据式（3-4）和式（3-4'）可表示为：

$$V'_X = \left(1 - \frac{Q}{Q_s} \right) V_X \qquad (5-70)$$

$$V'_R = \left(1 - \frac{Q}{Q_s} \right) V_R \qquad (5-71)$$

在松动体边界上有 $Q = Q_s$，代入式（5-70）和式（5-71），得到 $V'_X = 0$、$V'_R = 0$。

（2）当 $\eta = 1$ 时，散体中移动带、移动边界上、静止带密度都相等；当 $\eta > 1$

时，移动边界上有 $Q = Q_s$，代入式（5-65'），求得移动边界上的密度，根据式（5-66）知其密度为初始密度。证明如下：

$$\rho = \rho_0 \left(1 + \alpha \frac{Q}{Q_s} \right)^{\frac{1}{\alpha}}$$

松动体边界点必满足 $Q = Q_s$，代入上式得：

$$\rho = \rho_0 (1 + \alpha)^{\frac{1}{\alpha}} = \rho_a$$

（3）理想散体给出了固定移动边界式（5-67），实体散体给出了瞬时移动边界式（5-68），由式（5-68）可以看出，当散体高度无限大，无限制放出时，即 $t \to \infty$ 时，其极限移动边界就是固定移动边界。证明如下：

$$R_s^2 = \left\{ 1 - \left[\frac{\pi \rho_a K X^{n+1}}{(n+1)(m+1)C\rho_0 q_0 t} \right]^{\frac{1}{m}} \right\} K X^n, \, t \to \infty, \, 则 \, R_s^2 = K X^n。此即理想散体$$

的固定移动边界。

还可以从松动体表面方程求算极限移动边界方程。

已知松动体表面方程为 $R_s^2 = K X^n \left[1 - \left(\frac{X}{H} \right)^{\frac{n+1}{m}} \right] = K X^n - K X^n \left(\frac{X}{H} \right)^{\frac{n+1}{m}}$，当 $X = $ 常

数时，求 $H \to \infty$ 时的极限：

$$\lim_{H \to \infty} R_s^2 = K X^n - \lim_{H \to \infty} K X^n \left(\frac{X}{H} \right)^{\frac{n+1}{m}} = K X^n$$

故松动体表面的极限移动边界方程为 $R_s^2 = K X^n$。

（4）从式（5-67）可以看出，固定移动边界方程与颗粒移动迹线方程（5-69）是一致的，符合散体力学关于固定移动边界方程应是散体移动迹线方程的特殊方程的结论。

由以上分析可知，类椭球体放矿理论能全部通过移动边界检验。

3. 散体速度场、密度场检验

（1）类椭球体放矿理论区分了理想散体（$\eta = 1$）和实际散体（$\eta > 1$），并给出了各自的速度方程和密度方程，见式（5-60）~式（5-65）。

（2）由式（5-60）、式（5-61）和式（5-64）可知，理想散体的速度场在移动带内是定常场和非均匀场，放出开始移动带内颗粒点立即同时投入运动，移动带外是定常场和均匀场。密度场在整个散体场中（移动带和静止带）均为密度相同的均匀场和定常场。

（3）由式（5-62）、式（5-63）和式（5-65）可知，实际散体的速度场和密度场在移动带内都是非均匀场和不定常场，放出开始后颗粒点逐渐投入运动，而在静止带均为定常场和均匀场（速度为零，密度为 ρ_a）。

（4）速度函数和密度函数在移动带、静止带、移动边界上都是连续的。

由以上分析可知，类椭球体理论能全部通过散体速度场和密度场检验。

4. 一般连续性方程检验

（1）理想散体（$\eta = 1$）的一般连续性检验。

为便于运算，速度方程可表达为：

$$V_X = -\frac{(m+1)q_0}{\pi K^{m+1}}\frac{(KX^n - R^2)^m}{X^{n(m+1)}}$$

$$V_R = -\frac{n(m+1)q_0}{2\pi K^{m+1}}\frac{(KX^n - R^2)^m R}{X^{n(m+1)+1}}$$

进一步变换，有：

$$\frac{\partial V_R}{\partial R} = -\frac{n(m+1)q_0}{2\pi K^{m+1}}\frac{(KX^n - R^2)^m - 2R^2 m(KX^n - R^2)^{m-1}}{X^{n(m+1)+1}}$$

$$\frac{V_R}{R} = -\frac{n(m+1)q_0}{2\pi K^{m+1}}\frac{(KX^n - R^2)^m}{X^{n(m+1)+1}}$$

$$\frac{\partial V_X}{\partial X} = -\frac{(m+1)q_0}{\pi K^{m+1}}\frac{m(KX^n - R^2)^{m-1}nKX^{n-1}X^{n(m+1)} - n(m+1)X^{n(m+1)-1}(KX^n - R^2)^m}{X^{2n(m+1)}}$$

$$= -\frac{(m+1)q_0}{\pi K^{m+1}}\frac{mn(KX^n - R^2)^{m-1}KX^n - n(m+1)(KX^n - R^2)^m}{X^{n(m+1)+1}}$$

故：

$$\frac{\partial V_X}{\partial X} + \frac{\partial V_R}{\partial R} + \frac{V_R}{R} = -\frac{(m+1)q_0}{\pi K^{m+1}}\big[mn(KX^n - R^2)^{m-1}KX^n - mn(KX^n - R^2)^{m-1}R^2 -$$

$$n(m+1)(KX^n - R^2)^m + n(KX^n - R^2)^m\big]/X^{n(m+1)+1}$$

$$= 0$$

类椭球体放矿理论理想散体的速度方程能通过流动连续性检验。

（2）实际散体（$\eta > 1$）的一般连续性检验。

为便于运算，密度及速度方程表达形式为：

$$\rho = \rho_0\Big[1 + \frac{\alpha\pi\rho_a K^{m+1}X^{n(m+1)+1}}{(n+1)(m+1)(KX^n - R^2)^m C\rho_0 q_0 t}\Big]^{\frac{1}{\alpha}} = \rho_0 A^{\frac{1}{\alpha}}$$

$$V'_X = -\frac{(m+1)q_0(KX^n - R^2)^m}{\pi K^{m+1}X^{n(m+1)}} + \frac{\rho_a X}{(n+1)C\rho_0 t} = V_X + \frac{\rho_a X}{(n+1)C\rho_0 t}$$

$$V'_R = -\frac{n(m+1)q_0(KX^n - R^2)^m R}{2\pi K^{m+1}X^{n(m+1)+1}} + \frac{n\rho_a R}{2(n+1)C\rho_0 t} = V_R + \frac{n\rho_a R}{2(n+1)C\rho_0 t}$$

已知$\frac{\partial V_X}{\partial X} + \frac{\partial V_R}{\partial R} + \frac{V}{R} = 0, V'_R = \frac{nR}{2X}V'_X$：

$$\frac{\partial\rho}{\partial t} = -\rho_0 A^{\frac{1}{\alpha}-1}\frac{\pi\rho_a K^{m+1}X^{n(m+1)+1}}{(n+1)(m+1)(KX^n - R^2)^m C\rho_0 q_0 t^2}$$

$$\frac{\partial \rho}{\partial R} = \rho_0 A^{\frac{1}{\alpha}-1} \frac{2m\pi\rho_a K^{m+1} X^{n(m+1)+1} R}{(n+1)(m+1)(KX^n - R^2)^{m+1} C\rho_0 q_0 t}$$

$$\frac{\partial \rho}{\partial X} = \rho_0 A^{\frac{1}{\alpha}-1} \left\{ \frac{[n(m+1)+1]\pi\rho_a K^{m+1} X^{n(m+1)}}{(n+1)(m+1)(KX^n - R^2)^m C\rho_0 q_0 t^2} - \right.$$

$$\left. \frac{mn\pi\rho_a K^{m+1} X^{n(m+1)+1} KX^{n-1}}{(n+1)(m+1)(KX^n - R^2)^{m+1} C\rho_0 q_0 t} \right\}$$

$$\frac{nR}{2X}\frac{\partial \rho}{\partial R} + \frac{\partial \rho}{\partial X} = \rho_0 A^{\frac{1}{\alpha}-1} \frac{\pi\rho_a K^{m+1} X^{n(m+1)}}{(m+1)(KX^n - R^2)^m C\rho_0 q_0 t}$$

$$\left(\frac{nR}{2X}\frac{\partial \rho}{\partial R} + \frac{\partial \rho}{\partial X} \right) V'_X = \left[-\frac{(m+1)q_0 (KX^n - R^2)^m}{\pi K^{m+1} X^{n(m+1)}} + \frac{\rho_a X}{(n+1)C\rho_0 t} \right] \left(\frac{nR}{2X}\frac{\partial \rho}{\partial R} + \frac{\partial \rho}{\partial X} \right)$$

$$= \rho_0 A^{\frac{1}{\alpha}-1} \frac{\pi\rho_a K^{m+1} X^{n(m+1)+1}}{(n+1)(m+1)(KX^n - R^2)^m C\rho_0 q_0 t^2} \cdot$$

$$\left[-\frac{(n+1)(m+1)q_0 (KX^n - R^2)^m t}{\pi K^{m+1} X^{n(m+1)+1}} + \frac{\rho_a}{C\rho_0} \right]$$

$$\frac{\rho_a}{C\rho_0 t}\rho = \frac{\rho_a \rho_0}{C\rho_0 t} A^{\frac{1}{\alpha}} = \rho_0 A^{\frac{1}{\alpha}-1} \cdot \frac{\rho_a}{C\rho_0 t} A$$

$$= \rho_0 A^{\frac{1}{\alpha}-1} \frac{\pi\rho_a K^{m+1} X^{n(m+1)+1}}{(n+1)(m+1)(KX^n - R^2)^m C\rho_0 q_0 t^2} \cdot$$

$$\left[\frac{(n+1)(m+1)(KX^n - R^2)q_0 t}{\pi K^{m+1} X^{n(m+1)+1}} + \frac{\alpha\rho_a}{C\rho_0} \right]$$

现证明 $\dfrac{\partial \rho}{\partial t} + \dfrac{\rho V'_R}{R} + \dfrac{\partial(\rho V'_R)}{\partial R} + \dfrac{\partial(\rho V'_X)}{\partial X} = 0$，运算如下：

$$\frac{\partial \rho}{\partial t} + \frac{\rho V'_R}{R} + \frac{\partial(\rho V'_R)}{\partial R} + \frac{\partial(\rho V'_X)}{\partial X} = \frac{\partial \rho}{\partial t} + \frac{\rho V_R}{R} + \frac{n\rho_a \rho}{2(n+1)C\rho_0 t} + \frac{\rho \partial V_R}{\partial R} + \frac{\rho n\rho_a}{2(n+1)C\rho_0 t} +$$

$$\frac{V'_R \partial \rho}{\partial R} + \frac{\rho \partial V_X}{\partial X} + \frac{\rho_a \rho}{(n+1)C\rho_0 t} + \frac{V'_X \partial \rho}{\partial X}$$

$$= \frac{\partial \rho}{\partial t} + \left(\frac{nR}{2X}\frac{\partial \rho}{\partial R} + \frac{\partial \rho}{\partial X} \right) V'_X + \frac{\rho_a \rho}{C\rho_0 t}$$

$$= \rho_0 A^{\frac{1}{\alpha}-1} \frac{\pi\rho_a K^{m+1} X^{n(m+1)+1}}{(n+1)(m+1)(KX^n - R^2)^m C\rho_0 q_0 t^2} \cdot$$

$$\left[-1 - \frac{(n+1)(m+1)q_0 (KX^n - R^2)^m t}{\pi K^{m+1} X^{n(m+1)+1}} + \frac{\rho_a}{C\rho_0} + \right.$$

$$\left. \frac{(n+1)(m+1)(KX^n - R^2)q_0 t}{\pi K^{m+1} X^{n(m+1)+1}} + \frac{\alpha\rho_a}{C\rho_0} \right]$$

$$= \rho_0 A^{\frac{1}{\alpha}-1} \frac{\pi\rho_a K^{m+1} X^{n(m+1)+1}}{(n+1)(m+1)(KX^n - R^2)^m C\rho_0 q_0 t^2} \cdot$$

$$\left[-1 + (1+\alpha)\frac{\rho_a}{C\rho_0} \right]$$

$$= 0 \qquad \left(\frac{\rho_a}{C\rho_0} = \frac{1}{1+\alpha} \right)$$

类椭球体放矿理论实际散体的速度方程能通过一般连续性检验。

5. 特殊连续性检验

（1）理想散体（$\eta = 1$）的特殊连续性检验。

理想散体有固定移动边界，其方程为 $R_s^2 = KX^n$。散体水平径向速度应满足特殊连续性方程：

$$\int_0^{R_s} \frac{\partial (V_R R)}{\partial R} dR = V_R R \Big|_0^{R_s} = 0$$

$$\int_0^{R_s} \frac{\partial \left[-\frac{(m+1)nq_0 R^2}{2\pi KX^{n+1}} \left(1 - \frac{R^2}{KX^n}\right)^m \right]}{\partial R} dR = -\frac{(m+1)nq_0 R^2}{2\pi KX^{n+1}} \left(1 - \frac{R^2}{KX^n}\right)^m \Big|_0^{KX} = 0$$

类椭球体放矿理论的理想散体方程能通过特殊连续性检验。

（2）实际散体（$\eta > 1$）特殊连续性检验。

由式（3-7）知，实际散体的水平径向速度为：

$$V_R' = -\frac{n(m+1)q_0 R}{2\pi KX^{n+1}} \left(1 - \frac{R^2}{KX^n}\right)^m \left[1 - \frac{\pi\rho_a KX^{n+1}}{(n+1)(m+1)\left(1 - \frac{R^2}{KX^n}\right)^m C\rho_0 q_0 t} \right]$$

由式（3-13）知，实际散体的瞬时移动边界方程为：

$$R_s^2 = \left\{ 1 - \left[\frac{\pi\rho_a KX^{n+1}}{(n+1)(m+1)C\rho_0 q_0 t} \right]^{\frac{1}{m}} \right\} KX^n$$

散体的密度方程为：

$$\rho = \rho_0 \left[1 + \frac{\alpha\pi\rho_a KX^{n+1}}{(n+1)(m+1)\left(1 - \frac{Y^2 + Z^2}{KX^n}\right)^m C\rho_0 q_0 t} \right]^{\frac{1}{\alpha}}$$

现计算 V_{R_s}' 和 ρ_{R_s}：

$$V_{R_s}' = -\frac{n(m+1)q_0 R}{2\pi KX^{n+1}} \left(1 - \frac{R_s^2}{KX^n}\right)^m \left[1 - \frac{\pi\rho_a KX^{n+1}}{(n+1)(m+1)\left(1 - \frac{R_s^2}{KX^n}\right)^m C\rho_0 q_0 t} \right]$$

将 R_s 代入上式则得：

$$V'_{R_s} = 0 \qquad \left(1 - \frac{\pi\rho_a K X^{n+1}}{(n+1)(m+1)\left(1 - \dfrac{R_s^2}{KX^n}\right)^m C\rho_0 q_0 t} = 1 - 1 = 0 \right)$$

$$\rho_{R_s} = \rho_0 \left[1 + \frac{\alpha\pi\rho_a K X^{n+1}}{(n+1)(m+1)\left(1 - \dfrac{R_s^2}{KX^n}\right)^m C\rho_0 q_0 t} \right]^{\frac{1}{\alpha}}$$

将 R_s 代入上式得：

$$\rho_{R_s} = \rho_0 (1 + \alpha)^{\frac{1}{\alpha}} = \rho_a$$

实际散体的特殊连续性检验，应满足 $\rho_{R_s} V'_{R_s} R_s = 0$，代入以上计算结果，则有：

$$\rho_{R_s} V'_{R_s} R_s = \rho_a V'_{R_s} R_s = 0$$

类椭球体放矿理论实际散体的密度方程、速度方程、边界方程满足特殊连续性检验的要求，可以通过实际散体特殊连续性检验。

6. 质量通量检验

（1）理想散体的质量通量检验。已知理想散体的固定移动边界方程为 $R_s^2 = KX^n$，$\eta = 1$ 时，根据式（4-22'），质量通量计算如下：

$$\begin{aligned}
m_X &= \pi\rho_0 \int_0^{R_s} - \frac{(m+1)q_0(KX^n - R^2)^m}{\pi K^{m+1} X^{n(m+1)}} 2R\mathrm{d}R \\
&= \pi\rho_0 \int_0^R \frac{(m+1)q_0(KX^n - R^2)^m}{\pi K^{m+1} X^{n(m+1)}} \mathrm{d}(KX^n - R^2) \\
&= \rho_0 \frac{q_0(KX^n - R^2)^{m+1}}{K^{m+1} X^{n(m+1)}} \bigg|_0^{KX^n} = -\rho_0 q_0
\end{aligned} \qquad (5-72)$$

由式（5-72）可知，理想散体质量通量与 X 值无关，任意水平质量通量都相等，仅与放出密度及单位时间放出的放出体积有关。负号表示放出质量通量的方向。

类椭球体放矿理论能通过理想散体质量通量检验。

（2）实际散体质量通量检验。

1）实际散体质量通量的计算。由第二章可知，类椭球体放矿理论当 $\eta > 1$ 时有：

$$\rho = \rho_0 \left(1 + \alpha \frac{H^{n+1}}{H_s^{n+1}} \right)^{\frac{1}{\alpha}} = \rho_0 \left[1 + \alpha \frac{X^{n+1}}{\left(1 - \dfrac{R^2}{KX^n}\right)^m H_s^{n+1}} \right]^{\frac{1}{\alpha}} \qquad (5-73)$$

$$V'_X = -\frac{(m+1)q_0}{\pi KX^n}\left(1 - \frac{R^2}{KX^n}\right)^m\left[1 - \frac{X^{n+1}}{\left(1 - \frac{R^2}{KX^n}\right)^m H_s^{n+1}}\right] \tag{5-74}$$

$$R_s^2 = KX^n\left[1 - \left(\frac{X}{H_s}\right)^{\frac{n+1}{m}}\right] \tag{5-75}$$

由式（4-22）知：

$$m_X = 2\pi\int_0^{R_s}\rho V_X R\mathrm{d}R \tag{4-22}$$

式中　　　　m_X——X 水平的质量通量；

　　　　　　ρ——散体移动场任意点的密度；

　　　　　　V_X——散体移动场任意点的垂直下移速度；

　　　　　　R_s——散体移动场的移动边界；

　　　　　　H_s——t 时刻相应的松动体高度；

　　　$X,\ R$——空间点的垂直和径向坐标（圆柱面坐标系）；

　　　　　　t——放出时间；

　　　　　　q_0——单位时间放出体积；

　　　$\rho_0,\ \rho_a$——放出密度和初始密度；

m,n,K,α,η——与放矿条件和散体性质有关的实验常数。其中，m 为速度分布指数；n 为移动迹线指数；K 为移动边界系数；α 为密度变

化系数；η 为平均二次松散系数，$\eta = \dfrac{(1+\alpha)^{1+\frac{1}{\alpha}}}{(1+\alpha)^{1+\frac{1}{\alpha}} - 1}$。

在分析实际散体移动场时，X 取值范围为 $0 \leqslant X \leqslant H_s$。

根据式（4-22）有：

$$m_X = \int_0^{R_s} -\rho_0\left[1 + \alpha\frac{X^{n+1}}{\left(1 - \frac{R^2}{KX^n}\right)^m H_s^{n+1}}\right]^{\frac{1}{\alpha}}\frac{(m+1)q_0}{\pi KX^n}\left(1 - \frac{R^2}{KX^n}\right)^m\left[1 - \frac{X^{n+1}}{\left(1 - \frac{R^2}{KX^n}\right)^m H_s^{n+1}}\right]2\pi R\mathrm{d}R$$

$$= \rho_0 q_0\int_0^{R_s}\left[1 + \alpha\frac{X^{n+1}}{\left(1 - \frac{R^2}{KX^n}\right)^m H_s^{n+1}}\right]^{\frac{1}{\alpha}}\left[1 - \frac{X^{n+1}}{\left(1 - \frac{R^2}{KX^n}\right)^m H_s^{n+1}}\right]\mathrm{d}\left(1 - \frac{R^2}{KX^n}\right)^{m+1}$$

$$= \rho_0 q_0\left[1 + \alpha\frac{X^{n+1}}{\left(1 - \frac{R^2}{KX^n}\right)^m H_s^{n+1}}\right]^{\frac{1}{\alpha}}\left[1 - \frac{X^{n+1}}{\left(1 - \frac{R^2}{KX^n}\right)^m H_s^{n+1}}\right]\left(1 - \frac{R^2}{KX^n}\right)^{m+1}\Big|_0^{R_s} -$$

$$\rho_0 q_0 \int_0^{R_s} \left(1 - \frac{R^2}{KX^n}\right)^{m+1} \mathrm{d}\left[1 + \alpha \frac{X^{n+1}}{\left(1 - \frac{R^2}{KX^n}\right)^m H_s^{n+1}}\right]^{\frac{1}{\alpha}} \left[1 - \frac{X^{n+1}}{\left(1 - \frac{R^2}{KX^n}\right)^m H_s^{n+1}}\right]$$

$$= 0 - \rho_0 q_0 \left[1 + \alpha \frac{X^{n+1}}{H_s^{n+1}}\right]^{\frac{1}{\alpha}} \left(1 - \frac{X^{n+1}}{H_s^{n+1}}\right) -$$

$$\rho_0 q_0 \int_0^{R_s} \left(1 - \frac{R^2}{KX^n}\right)^{m+1} \mathrm{d}\left[1 + \alpha \frac{X^{n+1}}{\left(1 - \frac{R^2}{KX^n}\right)^m H_s^{n+1}}\right]^{\frac{1}{\alpha}} \left[1 - \frac{X^{n+1}}{\left(1 - \frac{R^2}{KX^n}\right)^m H_s^{n+1}}\right] \tag{5-76}$$

由式（5-76）看出，实际散体的质量通量方程，由于后一项不能直接进行积分运算，而没有得出 m_X 最终解析计算式，为此，对后一项必须进行积分分析式计算。可采用等距内插求积的方法进行积分近式计算，即将积分区间划分为 N 个相等的小区间（N 愈大计算结果愈精确，研究表明取 $N=10$ 已经很精确了），分别将每个小区间中点值代入被积函数，求 N 个被积函数之和与小区间值之积即为积分计算结果。

研究表明，可以略去后一项进行近似计算，此时式（5-76）变为：

$$m_X \approx -\rho_0 q_0 \left(1 + \alpha \frac{X^{n+1}}{H_s^{n+1}}\right)^{\frac{1}{\alpha}} \left(1 - \frac{X^{n+1}}{H_s^{n+1}}\right) \tag{5-77}$$

由式（2-15）和式（2-23）知：

$$H_s^{n+1} = \frac{(n+1)(m+1)}{\pi K} Q_s = \frac{(n+1)(m+1) C\rho_0 q_0 t}{\pi K \rho_a}$$

故式（5-77）变为：

$$m_X \approx -\rho_0 q_0 \left[1 + \frac{\alpha \pi \rho_a K X^{n+1}}{(n+1)(m+1) C\rho_0 q_0 t}\right]^{\frac{1}{\alpha}} \left[1 - \frac{\pi \rho_a K X^{n+1}}{(n+1)(m+1) C\rho_0 q_0 t}\right]$$

$$\tag{5-77'}$$

式（5-77）和式（5-77'）都可作为类椭球体放矿理论实际散体的质量通量计算的表达式。

2）实际散体质量通量检验。由式（5-77）可知：

① 当 $X=0$ 时，$m_X = -\rho_0 q_0$。

② $X = H_s$ 时，$m_X = 0$。

③ H_s 一定时（即 t 时刻），当 X 增加，不考虑质量的流向，质量通量计算式为：

$$m_X = \rho_0 q_0 \left(1 + \alpha \frac{X^{n+1}}{H_s^{n+1}}\right)^{\frac{1}{\alpha}} \left(1 - \frac{X^{n+1}}{H_s^{n+1}}\right)$$

通过计算 $\dfrac{\mathrm{d}m_X}{\mathrm{d}X}$，可判断 m_X 的增减。不考虑质量流向，根据式（5-77）有：

$$\frac{\mathrm{d}m_X}{\mathrm{d}X} = \frac{\mathrm{d}\left[\rho_0 q_0\left(1 + \alpha\dfrac{X^{n+1}}{H_s^{n+1}}\right)^{\frac{1}{\alpha}}\left(1 - \dfrac{X^{n+1}}{H_s^{n+1}}\right)\right]}{\mathrm{d}X}$$

$$= \rho_0 q_0\left(1 + \alpha\frac{X^{n+1}}{H_s^{n+1}}\right)^{\frac{1}{\alpha}-1}(n+1)\frac{X^n}{H_s^{n+1}}\left(1 - \frac{X^{n+1}}{H_s^{n+1}}\right) -$$

$$\rho_0 q_0\left(1 + \alpha\frac{X^{n+1}}{H_s^{n+1}}\right)^{\frac{1}{\alpha}}(n+1)\frac{X^n}{H_s^{n+1}}$$

$$= -\rho_0 q_0\frac{(n+1)X^n}{H_s^{n+1}}\left(1 + \alpha\frac{X^{n+1}}{H_s^{n+1}}\right)^{\frac{1}{\alpha}-1}(1+\alpha)\frac{X^{n+1}}{H_s^{n+1}}$$

质量增量 $\dfrac{\mathrm{d}m_X}{\mathrm{d}X}$ 为负值，即随 X 的增加 m_X 减小。

④ X 一定时，当 t 增加，不考虑质量流向，根据式（5-77'）计算 $\dfrac{\mathrm{d}m_X}{\mathrm{d}t}$，可判断通过 X 水平质量通量的增减。

$$\frac{\mathrm{d}m_X}{\mathrm{d}t} = -\rho_0 q_0\left[1 + \frac{\alpha\pi K\rho_a X^{n+1}}{(n+1)(m+1)C\rho_0 q_0 t}\right]^{\frac{1}{\alpha}-1}\frac{\pi K\rho_a X^{n+1}}{(n+1)(m+1)C\rho_0 q_0 t^2} \cdot$$

$$\left[1 - \frac{\pi K\rho_a X^{n+1}}{(n+1)(m+1)C\rho_0 q_0 t}\right] +$$

$$\rho_0 q_0\left[1 + \frac{\alpha\pi K\rho_a X^{n+1}}{(n+1)(m+1)C\rho_0 q_0 t}\right]^{\frac{1}{\alpha}}\frac{\pi K\rho_a X^{n+1}}{(n+1)(m+1)C\rho_0 q_0 t^2}$$

$$= \rho_0 q_0\left[1 + \frac{\alpha\pi K\rho_a X^{n+1}}{(n+1)(m+1)C\rho_0 q_0 t}\right]^{\frac{1}{\alpha}-1} \cdot$$

$$\left[\frac{\pi K\rho_a X^{n+1}}{(n+1)(m+1)C\rho_0 q_0 t^2}\right]\left[\frac{(1+\alpha)\pi K\rho_a X^{n+1}}{(n+1)(m+1)C\rho_0 q_0 t}\right]$$

由上式可知，$\dfrac{\mathrm{d}m_X}{\mathrm{d}t} > 0$，则质量增量 $\dfrac{\mathrm{d}m_X}{\mathrm{d}t}$ 为正值，即随 t 的增加，m_X 增大。

由式（5-77'）还可以看出，当 X 一定，无限放出，即 $t \to \infty$ 时，$m_X \to \rho_0 q_0$，与 X 值无关。

⑤ 当 $\eta = 1$ 时，已知 $\dfrac{1}{C} = \dfrac{\eta - 1}{\eta} = 0$，将 $\dfrac{1}{C}$ 代入式（5-77'）得 $m_X = -\rho_0 q_0$。即理想散体的质量通量与 X 无关，各水平的质量通量都相等。可见，理想散体质量通量方程是实际散体质量通量方程的特殊表达式。

由以上分析可以看出：

① 式（5-77）和式（5-77′）作为类椭球体放矿理论质量通量计算的表达式是可行的。它很好地反映了实际散体质量流通量的基本特征，基本与实际相符。特别是 $\eta = 1$，$X = 0$ 和 $X = H_s$，以及 t 一定，X 增加，m_X 减小和 X 一定，t 增加，m_X 增加，$t \to \infty$，$m_X \to \rho_0 q_0$ 等都完全吻合。理论上自身封闭。

② 类椭球体放矿理论的理想方程和实际方程都能通过散体质量通量检验。

由以上六项检验可知：

（1）类椭球体放矿理论通过了全部六项检验。

（2）放出体是完整椭球体与实际不符，但已通过理想放出口和实际放出口来解决这一问题。

参 考 文 献

[1] 王昌汉．放矿学［M］．北京：冶金工业出版社，1982．

[2] 马拉霍夫 T M．崩落矿块的放矿［M］．北京：冶金工业出版社，1958．

[3] МалаХОВ. Т. М. ТеОРИЯ ИЛрактика ВЫЛусаоБрушеННОЙРуДЫ［M］．Недра，1968．

[4] КУЛИКОВ. В. В. ВЫПУСК РУДЫ［M］．Недра，1980．

[5] КУЛИКОВ. В. В. СОВМеСТНаЯ И ЛОВТОРОНаЯ разраьотка рудНЫх МесТОРОЖДеНИЙ ［M］．Недра，1972．

[6] КУНИН. И. К. ВЫЛУС И ДОСТаВКа руды ЛрИЛодзеМНоЙ ДОьыЦе［M］．Недра，1964．

[7] 刘兴国．崩落采矿法放矿时矿石移动的基本规律［J］．有色金属，1979（4）．

[8] 刘兴国．崩落采矿法放矿理论基础．东北工学院内部教材，1981．

[9] 李荣福．放矿基本规律的统一数学方程［J］．有色金属，1983（1）．

[10] 刘兴国．放矿理论基础［M］．北京：冶金工业出版社，1995．

[11] 苏宏志．自崩落采场放矿．北京科技大学内部教材，1984．

[12] 苏宏志．期望放出体表面过渡关系［J］．矿山技术，1987（5）．

[13] 王泳嘉．放矿理论研究的新方向——随机介质理论［C］//东工活页论文选，1962．

[14] 周先民．用随机介质理论研究大量崩落放矿问题的探讨［J］．长沙矿山研究院（季刊），1981．

[15] 李荣福．类椭球体放矿理论的理想方程［J］．有色金属，1994（5）．

[16] 李荣福．类椭球体放矿理论的实际方程［J］．有色金属，1994（6）．

[17] 王昌汉，等．论放出体形状［C］//全国放矿会议论文，1980．

[18] 黄德玺．崩落矿岩力学性质与放出体关系研究［C］//第四届崩落法会议论文，1986．

[19] 任凤玉．随机介质放矿理论及其应用［M］．北京：冶金工业出版社，1994．

[20] 梅山铁矿，等．梅山铁矿无底柱分段崩落法加大段高和进路间距以及提高生产能力的研究［R］．鉴定资料，1999．

[21] 张慎河．放矿理论及其检验［D］．西安：西安建筑科技大学，2001．

[22] 李荣福．椭球体放矿理论的几个主要问题［J］．中国钼业，1994（5）．

[23] 李荣福．矿岩移动方程及其连续流动检验［J］．化工矿山技术，1986（2）．

[24] 李荣福．类椭球体放矿理论的检验［J］．有色金属，1995（1）．

[25] 张慎河，李荣福，等．矿岩移动规律基本方程的建立及其讨论［J］．有色金属，2003（2）．

[26] 张慎河，李荣福，等．矿岩移动规律基本方程的应用［J］．有色金属，2004（6）．

[27] 张慎河，李荣福，等．崩落矿岩散体密度场特征［J］．有色金属，2007（2）．

[28] 张慎河，李荣福，等．崩落矿岩散体速度场特征［J］．有色金属，2009（1）．

[29] 张慎河，李荣福．类椭球体放矿理论速度和加速度场的评价［J］．矿冶工程，2003（1）．

[30] 张慎河，李荣福，等．连续介质放矿理论的检验准则及内容［J］．矿冶工程，2008（6）．

[31] 李荣福，张慎河．连续介质放矿理论检验（上）［J］．金属矿山，2000（6）．

［32］李荣福，张慎河．连续介质放矿理论检验（下）［J］．金属矿山，2000（8）．

［33］吴望一．流体力学［M］．北京：北京大学出版社，1982．

［34］北京钢铁学院力学教研室．松散介质力学．北京钢铁学院内部教材，1983．

［35］张国辅．矿山井下煤仓和矿仓（设计和使用）［M］．北京：煤炭工业出版社，1983．

［36］邵必林，李荣福．散体连续性流动特殊方程及放矿理论的检验［J］．金属矿山，2004（8）．

［37］邵必林．实际散体质量通量的计算及检验［J］．西安建筑科技大学学报（自然版），2004（3）．

［38］邵必林．散体连续性方程式（体积表达式）［J］．有色金属，2004（6）．

［39］郭进平，刘东，李荣福．椭球体放矿理论移动过渡方程的重构［J］．金属矿山，2015（10）．

［40］郭进平，李荣福．椭球体放矿理论与类椭球体放矿理论的关系及其欠缺［J］．（待发表）．

［41］郭进平，李荣福．类椭球体放矿理论的移动过渡方程［J］．（待发表）．

［42］郭进平，李荣福．类椭球体放矿理论移动方程的改进［J］．（待发表）．

［43］刘兴国．评马拉霍夫的放矿理论［J］．有色金属，1981（3）．

［44］魏善力．放出体形状的测定和研究［D］．北京：北京科技大学，1982．

［45］中国科学院数学研究所统计组．常用数理统计方法［M］．北京：科学出版社，1979．

［46］张慎河，李荣福．随机介质放矿理论的检验［J］．煤炭学报，2002（10）．